普通高等教育教材

App UI 设计

董业子
李奕霏　编著
蒋昊朋

化学工业出版社

·北京·

内容简介

本书系统全面地介绍了 App UI 设计的整体流程，全书内容分为三个部分："基础理论""实践训练"和"案例欣赏"。

在基础理论中，通过"认识 App UI 设计"帮助初学者从多方位角度理解 App UI 设计的基础知识；通过"App UI 设计原则与规范"帮助初学者掌握并了解界面设计流程及要点；"App UI 设计元素构成"与"App UI 界面设计"则介绍了 App UI 设计的相关方法与技巧。

实践训练中设置了五项设计实践，通过一个完整项目的拆解实践，印证设计理论、夯实基础知识，达到帮助初学者充分掌握 App UI 设计方法的目的。

案例赏析中作者将优秀案例进行筛选与梳理，按照不同类别讲解从创意到实现的完整过程，与读者共享实践过程中的设计经验，帮助初学者更好地把握设计细节，提升整体设计水平。

本书适合普通高校视觉传达设计、艺术设计等相关专业作为师生教学用书，也可供相关行业从业者和爱好者学习使用。

图书在版编目（CIP）数据

App UI 设计 / 董业子，李奕霏，蒋昊朋编著. --北京：化学工业出版社，2025.4. --（普通高等教育教材）. -- ISBN 978-7-122-47677-7

Ⅰ. TN929.53

中国国家版本馆 CIP 数据核字第 20255N99W8 号

责任编辑：李彦玲　　　　　　　文字编辑：任欣宇
责任校对：刘　一　　　　　　　装帧设计：王晓宇

出版发行：化学工业出版社
　　　　　（北京市东城区青年湖南街 13 号　邮政编码 100011）
印　　装：天津市银博印刷集团有限公司
787mm×1092mm　1/16　印张 9　字数 189 千字
2025 年 7 月北京第 1 版第 1 次印刷

购书咨询：010-64518888　　　　售后服务：010-64518899
网　　址：http://www.cip.com.cn
凡购买本书，如有缺损质量问题，本社销售中心负责调换。

定　　价：59.80 元　　　　　　　　　　版权所有　违者必究

Preface 前言

在数字化浪潮的推动下，UI（用户界面）设计教育正经历着前所未有的变革。作为一门与技术发展紧密相连的学科，UI设计不仅需要传授视觉美学，更要强调用户体验和交互设计的重要性。《App UI设计》正是在这样的背景下应运而生，本书旨在为学习者提供一个全面、系统的学习路径，从基础理论到实践技巧，再到案例欣赏，每一个环节都精心设计，满足学习者对UI设计的学习需求。

随着移动互联网的快速发展，App UI设计已经成为产品设计领域中最为活跃的分支之一。用户对于App的直观感受和操作体验的要求日益提高，这直接推动了UI设计的不断演进和设计工具的持续更新。《App UI设计》紧跟这一趋势，不仅介绍了UI设计的基础理论，还着重讲解了包括AI（人工智能）类在内的软件介绍和相关系统设计规范，确保学习者能够掌握最新的行业需求与标准。

在教育层面，国家强调科教兴国、人才强国、创新驱动发展，这为UI设计教育提供了新的方向和动力。《App UI设计》的编写团队深刻理解这一战略，将立德树人的理念贯穿于教材之中，旨在培养学生的创新能力和实践能力。此外，随着终身学习理念的深入人心，设计教育也必须适应这一变化，提供更加灵活多样的学习方式。本书有丰富的课后实践和案例赏析，引导学习者通过实际操作来巩固理论知识，同时也为终身学习打下坚实的基础。

本书是董业子、李奕霏、蒋昊朋三位笔者结合多年的一线教学经验编写而成的，肇庆学院美术学院、设计学院视觉传达设计系 2018 级和 2019 级学生为本书第 5 章提供了部分实训案例，为本书增添了色彩。本书在编写过程中得到了肇庆学院领导大力支持和前瞻性建议，在此一并表示诚挚的谢意。

本书参考借鉴了前人和部分学者的研究成果，在此我们谨对所有参考资料的作者表示衷心感谢。

我们相信时代的发展、科技的进步依然迅猛，设计趋势正在不断加速演变，市场对 UI 设计的需求也在不断变化，书中尚有不足，敬请各位同行专家与读者批评指正。

编者

2025 年 2 月

Contents 目录

1 认识 App UI 设计　001

1.1　什么是 App UI 设计　002
1.1.1　从移动媒体说起　002
1.1.2　App UI 设计与网页设计的区别　003

1.2　App UI 设计的发展历史与趋势　006
1.2.1　从 UI 设计到 App UI 设计　006
1.2.2　App UI 设计发展趋势　009

1.3　App UI 设计与用户体验　010
1.3.1　用户体验五要素　011
1.3.2　App UI 设计如何提升用户体验　013

1.4　App UI 设计常用软件　014
1.4.1　思维导图类　014
1.4.2　界面制作类　017
1.4.3　动效设计类　019
1.4.4　AI（人工智能）辅助设计　020

1.5　团队协作的重要性　022
1.5.1　App 产品的团队组建　023
1.5.2　团队成员的不同角色与职责　024
1.5.3　设计协作常用工具　025

2 App UI 设计原则与规范　027

2.1　App UI 界面设计原则　028

	2.1.1　一致性原则	028
	2.1.2　简约性原则	033
	2.1.3　人性化原则	034
2.2	**iOS 系统界面设计规范**	**034**
	2.2.1　基本单位	035
	2.2.2　界面规范	036

3　App UI 设计元素构成　　041

3.1	**文字元素**	**042**
	3.1.1　文字基础要素	042
	3.1.2　字体使用原则	049
3.2	**图标元素**	**050**
	3.2.1　图标分类	050
	3.2.2　图标风格	053
	3.2.3　图标设计流程	055
3.3	**图片元素**	**057**
	3.3.1　图片比例	057
	3.3.2　图片排版	059
3.4	**色彩元素**	**061**
	3.4.1　色彩的基本要素	061
	3.4.2　色彩配色方案	062

4　App UI 界面设计　　066

4.1	**界面设计流程**	**067**

4.2　常见界面类型　　073

　　4.2.1　启动页　　073
　　4.2.2　引导页　　074
　　4.2.3　登录页　　076
　　4.2.4　首页　　077
　　4.2.5　个人中心页　　078
　　4.2.6　空状态页面　　078

4.3　界面中的导航布局　　079

　　4.3.1　同层级导航　　079
　　4.3.2　分层级导航　　080
　　4.3.3　内容式导航　　081

4.4　界面中的交互动效　　081

　　4.4.1　逻辑关系　　082
　　4.4.2　手势操作　　083
　　4.4.3　动效设计　　083

5　App UI 设计实训　　085

5.1　实训一——项目准备与功能规划　　086

　　5.1.1　选择主题并了解阶段性输出内容　　086
　　5.1.2　产品需求分析与用户画像搭建　　088
　　5.1.3　产品功能规划　　090

5.2　实训二——结构图、流程图与低保真原型图制作　　091

　　5.2.1　产品结构图和流程图的分析　　092
　　5.2.2　低保真原型图的制作　　093

5.3　实训三——可用性测试　　095

　　5.3.1　定义项目的可用性　　095

5.3.2 可用性测试步骤　096

5.4 实训四——高保真原型图制作与视觉规范制定　098
    5.4.1 低保真原型图优化分析　099
    5.4.2 视觉规范的制定　100

5.5 实训五——界面交互动效　103

6 App UI 案例赏析　109

6.1 文化类 App UI 设计　110
    6.1.1 三星堆博物馆小程序　110
    6.1.2 山西文物数字博物馆小程序　112
    6.1.3 微信读书小程序　115
    6.1.4 长相思 App　117

6.2 电商类 App UI 设计　120
    6.2.1 宜家 App　120
    6.2.2 怂火锅点餐小程序　122

6.3 视听类 App UI 设计　124
    6.3.1 央视频 App　124
    6.3.2 波点音乐 App　126

6.4 工具类 App UI 设计　128
    6.4.1 丁香医生 App　128
    6.4.2 喵喵记账 App　131

参考文献　134

1

认识 App UI 设计

作为一名 App UI 设计学习者，学习 App UI 设计的基础知识是至关重要的，它能够帮助你了解设计有效、吸引人且用户友好的应用程序界面所需的知识与技能，是构建复杂能力的基石。通过基础知识提供的框架，你将能够构建一个坚实的设计知识体系，为你的设计生涯提供持续的支持和成长。

| 学习目标 |

1. 认识 App UI 设计相关基础知识
2. 熟悉 App UI 设计常用软件
3. 了解团队协作设计的重要性

1.1 什么是 App UI 设计

App UI 设计，即应用程序的用户界面设计，是按不同的 App 应用功能和产品目的，以及目标用户群的偏好去进行的设计，属于 UI（用户界面）设计范畴中重要的组成部分，最常应用于智能手机设备。广义的 App UI 设计涉及对移动类软件的人机交互、操作逻辑、界面美观的整体设计。狭义的 App UI 设计主要指手机或平板电脑上应用程序界面的视觉设计部分，如图 1-1、图 1-2 所示。

图 1-1　手机端应用界面

1.1.1 从移动媒体说起

相比于过去报纸、电视、广播等传统媒体形式，移动媒体是基于数字技术、网络技术及其他现代信息技术或通信技术，且具有互动性、融合性的介质形态和平台，是新媒体的典型代表，如图 1-3 所示。

图 1-2　平板电脑应用界面

移动媒体是可实现用户之间和用户与网络之间信息交流的数字化设备，其最大特点是便携和可移动，用户可以在不断变化位置的情况下实现信息的流动和传播。

在现阶段移动媒体主要包括网络设备、移动设备及其两者融合形成的移动互联网，以及其他具有互动性的数字媒体形式，比如智能手机、平板电脑、移动穿戴设备、电子阅读器、游戏机等一系列便携式设备，其中以智能手机使用范围最为广泛，涵盖了商务、娱乐、生活等方方面面。如图 1-4 所示，随着技术的不断发展和创新，智能手机的应用范围还将不断扩大，为人们的生活带来更多的便利和乐趣。

图 1-3　传统媒体与新媒体

App（移动应用程序）是专门为移动设备开发的软件程序，通过它们，用户可以进行各种操作，如浏览网页、购物、社交、娱乐等。App 通过移动设备上的操作界面与用户进行交互，为用户提供各种功能和服务。当移动媒体在现代社会成为获取信息的主流方式时，App UI 成为一个重要展示窗口，它链接"人"与"海量数据"，也提供了不同的使用体验。

图 1-4　丰富的 App 应用

现实生活中，使用移动设备购买一本书、点一单外卖、叫一部计程车、给亲朋好友拨通视频电话等等，成为了人们的常规行为，当使用现代移动设备——手机或者平板电脑时，优秀的 App UI 设计可以快速帮助人们解决相应问题，带来优秀的用户体验；相反，糟糕的 App UI 将成为人们解决问题过程中的"拦路虎"，用户会因为界面设计中各种各样的原因操作不爽甚至操作失败。当用户群体变成老年人、残疾

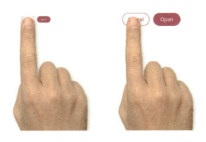

图 1-5　按钮操作对比图

人，面临的问题可能更大，如图 1-5 所示，对于视觉有所退化的年长用户来说，放大且可被单击的按钮非常重要。

有的人认为，App UI 设计仅仅局限于视觉层面，即做一个"美轮美奂"或者"炫酷"的 App 界面，这是非常狭隘的认识，App UI 设计最终呈现的视觉界面，需要基于移动产品目标、前期调研、用户需求、信息构架等等一系列数据信息进行设计，在此基础上完成移动界面中的插画风格、颜色搭配、文字大小、排版方式等。所以我们所看到的好用、易用的 App 产品，背后是设计团队对视觉设计、交互设计、用户体验等综合的研究与运用。

随着 AIGC（生成式人工智能）技术的发展和应用，整个设计链路效率都在提升，中间部分设计操作被"扁平化"，在 App UI 设计领域，一个产品页面的设计可以快速通过 AI 生成，所以初学者更应重视对用户的理解、对理论知识的掌握以及创意思维与个性化风格的提升，如图 1-6 所示。

图 1-6　AI 类界面设计平台

1.1.2　App UI 设计与网页设计的区别

（1）应用媒介与操作习惯不同

App UI 设计是专指针对移动应用程序（App）的用户界面设计，这里包括 App 的启动页、首页、功能页、弹窗、按钮、图标等各个元素的设计。应用媒介主要是移动端设备，如

智能手机、平板电脑、智能车机、智能穿戴设备。用户在操作 App 时，主要通过触摸屏幕进行交互，形式更为直接，比如点击、长按等，如图 1-7 所示。因此，App UI 设计需要考虑到手指操作的特点，如按钮的大小、间距等需要适应手指的触摸范围。

网页设计则主要面向的是电脑用户，在界面布局、元素尺寸和交互方式等方面与 App UI 设计有着明显的区别，应用媒介为 PC 端，主要依靠手指点击鼠标（图 1-8），比如左键点击、鼠标滑过、滚动等等。

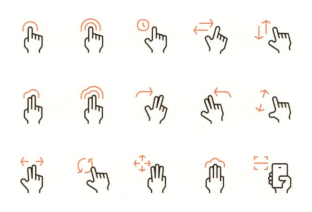

图 1-7　移动端主要交互手势

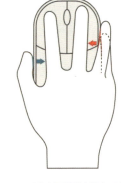

图 1-8　PC 端主要通过鼠标形成交互

举个例子，在 PC 端哔哩哔哩网页设计中，想要实现视频的倍速播放需要用鼠标单击界面中相应的图标并再次单击倍速数字进行实现，如图 1-9 所示。在移动端的 App UI 设计中，除了使用手指单击选择"倍速"，还可以单指长按屏幕实现随时播放倍速，如图 1-10 所示。

图 1-9　PC 端哔哩哔哩网页设计

图 1-10　移动端哔哩哔哩 App UI 设计

（2）屏幕空间与设计目标不同

App UI 设计应用于移动设备，屏幕一般比较小，容纳内容有限，设计目标是为移动设备提供直观、易用的用户界面，确保能够快速、有效地和用户互动，从而满足用户需求。网页设计应用于 PC 端，屏幕尺寸较大，容载量也更高，设计目标更侧重于为企业或品牌创建一个在线平台，用来展示产品、服务、理念和文化，同时提供交互功能，比如搜索、导航和购买等。如图 1-11 所示，在 App 美图秀秀的 UI 设计中，黄金区域的设计是为了帮助用户完成目标——照片美化所设置的主要功能。相比之下，美图秀秀的官方网页设计中，品牌的视觉呈现和信息传递更明显。

图 1-11　美图秀秀 App 与官方网站网页设计

（3）设计规范与技术要求不同

App UI 设计在不同的平台有其特有的设计规范，如 iOS 系统平台、安卓系统平台。规范围绕用户界面展开，包括人机交互、操作逻辑、界面美观的整体设计，注重交互和用户体验。技术上对设计师图形设计、图标设计、界面布局等方面有较高要求，同时还需要了解用户的使用习惯和心理预期。

由于应用媒介和用户操作方式的不同，网页设计的设计规范与移动端有所区别，主要体现在内容布局、导航设计、互动设计等方面。举个例子，如图 1-12 和图 1-13 所示，京东的网页设计的导航栏、侧边栏、内容区域等的位置和大小，以及它们之间的间距和比例与 App UI 设计规范下的整体结构、互动方式是不同的。在技术层面上，网页设计师需要使用 HTML、CSS、JavaScript 等技术来实现网页的设计和制作，同时还需要了解前端开发技术，以确保网页设计的最终效果。

图 1-12　京东官方网站网页设计

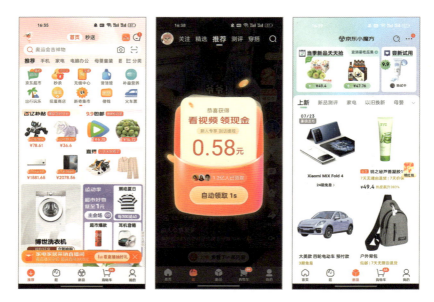

图 1-13　京东 App UI 设计

1.2　App UI 设计的发展历史与趋势

在国内互联网技术发展的大背景下，App UI 设计也有其独特的历史与趋势，了解这些内容，能帮助学习者们看到 App UI 设计的发展背景、技术进步和用户体验的变化，从而为未来的设计提供参考和启示。

1.2.1　从 UI 设计到 App UI 设计

20 世纪 60 年代中期，在计算机科学和人机交互领域的早期阶段，计算机界面主要是基于命令行的，用户需要通过输入命令行来与计算机程序进行交互，被称之为字符用户界面

（CLI）。这种界面以文本命令行的对话形式，是 20 世纪 70 年代到 80 年代的主流界面方式，操作系统以 DOS 作为代表。它大幅降低了计算机的使用门槛，个人计算机随之出现，如图 1-14 所示。这种界面与人类语言有较大差异，对于非技术人员来说不够友好。

命令行界面通常需要用户记忆操作的命令，这对于普通用户仍然是很困难的。图形用户界面（GUI）的出现解决了这个问题——让机器提供选项，让用户通过图形元素进行选择。最早的图像界面出现在 1970 年代，随后苹果和微软让 GUI 的设计有了更大的发展，APPLE LISA 电脑的推出可以作为 "UI 设计" 的开端，可以看到，系统界面已经有意识地在屏幕上进行了针对性设计（图 1-15）。

图 1-14　1980 年 IBM 推出的 PC 以及 DOS 运行界面　　图 1-15　APPLE LISA 是第一台面向消费市场的 GUI 个人计算机

这个时期的 UI 设计是在系统默认页面上加以设计，由电脑工程师顺带做出来，还没有形成独立行业，虽然有了 Mac 和 windows 的系统，可是毕竟电脑没有普及，大多数的显示屏仅能显示单色的像素，UI 设计更多是在操作体验上进行的改革，比如苹果创造的文件夹拖动、微软创造的 "开始按钮" 等。

1984 年苹果的麦金塔个人电脑搭载的 System Software 系统和 1985 年微软公司紧随的 Windows 1.0 系统（图 1-16），成为那个时代的两项 UI 技术创新，已经有了现代操作系统的一些特点，比如用户可以对文件进行重命名、可最小化窗口等，同时企业很快意识到，吸引人的数字界面对于打造令人难忘和令人舒适的用户体验至关重要。

这个时期的家用电脑和个人电脑不仅体积和重量得到了显著降低，而且价格也更加亲民，计算机进入到更多家庭。与此同时，个人电脑的小型化趋势也满足了商务人士对计算机便携性的更高要求，推动了便携式计算机的发展。到了 20 世纪 90 年代初，这一趋势进一步加速，便携式计算机开始逐渐取代台式机，成为市场上的主流。这一变化不仅反映了技术的进步，也推动了 UI 设计的进步，设备的轻量化成为互联网发展过程中的必然趋势。

2007 年，苹果公司推出了第一款 iPhone，如图 1-17 所示，这款用户界面专为具有复杂触摸屏功能的手持设备，颠覆了科技行业。智能手机的出现为移动应用程序的发展铺平了道路，UI 设计也由宽泛走向了细分，App UI 设计登上了历史舞台。早期的 App UI 设计受限

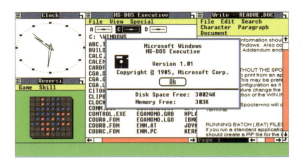

图 1-16　Windows 1.0 图形用户界面

图 1-17　第一款 iPhone 手机

于屏幕尺寸和硬件性能，界面相对简单。

这里还要提及的是自 20 世纪 90 年代到 21 世纪初，拟物化设计是 UI 风格的主流，无论是苹果公司推出的全新用户界面 Aqua（图 1-18）还是微软公司下的 Windows 95（图 1-19），都努力把模拟真实物理状态和操作下压释放的物理效果做到极致。

这种设计风格直至 2013 年苹果公司发布 iOS 7 操作系统产生了改变，iOS 7 的界面摒弃了之前拟物化设计，首次采用了扁平化图标与配色，去除了投影、肌理，经过重新绘制通知中心和毛玻璃效果，如图 1-20 所示，与拟物化风格对比，新的 UI 设计大大减少了用户的视觉压力，回归简单又极具现代感。这种简洁、清晰的 UI 设计更适合移动设备的小屏幕和触控操作，它随着移动设备的不断普及，也成为 App UI 设计风格的主流。

图 1-18　Aqua 用户界面

图 1-19　Windows 95 用户界面

2010 年至 2013 年间，移动应用程序伴随着移动设备蓬勃发展，苹果 App Store 认证手机应用数量突破 20 万，App UI 设计不再主要注重静态界面，随着技术的发展和用户需求的增加，设计师开始探索如何通过动效设计来改善用户体验，动效设计在用户与应用之间的交互中的比重开始增多，比如触摸屏幕的反馈动效、App 中的引导动效、下拉刷新的动效等等。

2019 年之后，随着用户对眼睛健康和舒适

图 1-20　拟物化（左）与扁平化（右）用户界面对比

性的关注增加，以及对节能环保的重视，暗黑模式在移动设备上变得越来越流行。愈来愈多的操作系统和应用程序开始支持深色模式（图1-21），以满足用户的需求和提升用户体验，这也成为近年来 App UI 设计发展的典型变化。

2022年开始，人工智能"火"了起来，对各行各业产生了重要影响，App UI 设计也不例外。在 App UI 设计中，人工智能（AI）提供创意辅助、个性化设计、自动化设计、数据驱动设计、智能交互和内容推荐等，比如 Midjourney 可以通过指令生成用户界面，ChatGPT-4 也可以用指令创建一个可以操作和访问的界面。这样的环境下，对 App UI 设计师创意性和精准性的要求在提升。

图 1-21　iOS 系统浅色模式与深色模式

1.2.2　App UI 设计发展趋势

经过了短短几十年的萌芽与发展，当今的 App UI 设计正朝着智能互动、情感化设计和无障碍化设计方向发展。

（1）智能互动

承上文所说，现如今人工智能技术的不断进步，越来越多的开发者将人工智能技术应用到 App 开发中，实现更加智能、自然的交互体验（图1-22、图1-23），并提高 App 的性能和稳定性。例如购物类 App 可以通过 AI 算法分析用户的购物习惯，为用户推荐更符合其喜好的商品；健康管理 App 则可以利用智能技术，根据用户的身体状况提供个性化的健康建议。在这个背景下，App UI 设计会变得更加动态和互动，根据用户的行为模式和偏好优化交互方式，例如能够在用户情绪低落时，通过界面元素的温暖色调来提振用户情绪。

图 1-22　苹果 Vision Pro

图 1-23　Vision Pro UI

除了单纯视觉方面的互动，还包括语音、增强现实（AR）、虚拟现实（VR）等。语音接口将成为 App UI 设计中的新重点，它允许用户通过语音命令与 App 进行交互。例如 Siri 等语音助手的发展，使得用户可以通过简单的语音指令来完成各种任务；AR 技术将使得 App 能够与现实世界进行互动，提供更加丰富的用户体验。例如用户可以在现实世界中看到虚拟的信息；而 VR 技术将为用户提供完全沉浸式的体验，使用户仿佛置身于一个虚拟的世界中，多应用于游戏、教育、医疗等。

（2）情感化设计

用户在基本需求得到满足的情况下，会更关心情感上的需求和精神上的慰藉，App 的设计由过去的"可用"发展为"易用"，再到"情绪价值"的提供，是未来发展的趋势，加大情感体验在产品中的设计，是 App 产品差异化竞争重要的一点。设计师们通过深入了解用户需求，分析用户情感喜好，深入了解用户心理，运用色彩、图形、文案等视觉界面元素，激发用户的积极情绪，如快乐、喜爱、自由等，增强用户对 App 的好感度。

（3）无障碍化设计

无障碍化 App UI 的设计目标是让所有用户都能够无障碍地访问产品，包括老人、残疾人、儿童等。这种设计趋势不仅符合道德和社会责任，还可以扩大用户群体，提升用户体验。国内许多移动应用产品已经在做相应的设计，如图 1-24 所示，淘宝 App 除了标准模式，还为老人和儿童设计了不同版本。如图 1-25 所示，高德地图 App 设置中为用户提供了色盲模式的设置选项，这一功能主要是为了解决色盲或色弱人群在使用地图时遇到的色彩识别困难问题。通过开启色盲模式，高德地图能够调整地图的颜色显示，使其更适合色盲或色弱用户的视觉需求，从而让他们能够更清晰地识别地图上的各种标志和指示。

图 1-24　淘宝 App 无障碍化设计

图 1-25　高德地图 App 无障碍化设计

1.3　App UI 设计与用户体验

优秀的 App UI 设计与用户体验密不可分，两者像一对互相依存、互相促进的搭档，共同影响移动数字产品的质量和在用户心中的感受，因为 App UI 设计不仅仅是关于界面外观的美观，更是如何通过视觉元素、布局、交互方式等，为用户提供直观、易用的体验。优秀的 App 往往能够确保界面布局合理、操作便捷、视觉效果吸引人，同时能够充分满足用户的需求和期望，引导用户快速理解应用的功能，轻松完成操作，能够通过愉快的使用过程增强用户的使用信心和满意度,所以一款既好看又好用的 App 离不开对用户体验的研究与重视。

用户体验(User Experience,简称 UE/UX)在 20 世纪 90 年代中期,由用户体验设计师唐纳德·诺曼(Donald Norman)所提出和推广。用户体验是指用户在使用某个产品或者系统之前、使用期间和使用之后中建立起来的一种纯主观感受,而这种感受是整体的、全部的,包括了用户对产品或服务的认知印象、功能使用、操作便捷性、情感反应等多个方面的综合体验。

图 1-26 宜家品牌线下体验店

以图 1-26 宜家这个品牌举例,它的创新点是让用户在线下体验居家的感觉。舒适的购物体验是很多人对于宜家的第一印象,人们可以在由产品放置组合的样板间中"零距离"感受产品的布局和使用,也可以在购物过程中感受自助式餐饮服务。在用户的体验上人们更多地是把宜家当作休闲空间而不是纯粹的家居卖场,这种优秀的用户体验为宜家带来了更多的客流与购买量。

图 1-27 飞猪旅行往返机票购买界面

线上产品很多也提供了优秀的用户体验,以飞猪旅行举例,如图 1-27 所示,当用户在飞猪旅行选择往返机票时,界面自动分为左右两边分别进行滚动操作。这种左右显示的方式结合了用户的使用场景,为用户多想了一步,提供了最短的操作路径以完成需求,方便了用户对价格和时间进行对比,比常规的单一页面滚动操作快捷很多。

在 App UI 设计中,用户体验的核心是仍然是用户,这需要我们关注用户在使用产品或体验服务时的每一个细节,如界面设计是否友好、功能是否满足需求、操作是否流畅等。

1.3.1 用户体验五要素

AJAX 之父 Jesse James Garrett 的经典著作《用户体验要素》中提到了用户体验的五层模型,书中将产品分为了五个层面,适用于移动产品的开发与设计。书中将产品分为两大类:功能型和信息型产品。功能型的平台类产品包含战略层、范围层、结构层、框架层、表现层，而信息型的媒介类产品包含具象和抽象两个层级。如图1-28所示，用户体验五要素自下而上分别是战略层、范围层、结构层、框架层、表现层，它们相互关联、层层递进，共同构成了一个完整的用户体验设计框架，也成为提升App UI设计的重要指导原则。

（1）战略层：对应产品目标与用户需求

战略层决定了产品能够为哪些用户解决什么样的问题，无论功能型还是信息型产品，此层面战略层都关注两个核心问题——产品目标和用户需求，即"我们通过这个产品要获得什么？"和"用户通过我们的产品能获得什么？"

产品目标指的是产品开发团队为产品设定的具体目标，这些目标通常与产品的功能、性能、用户满意度、用户参与度等方面相关。在做任何

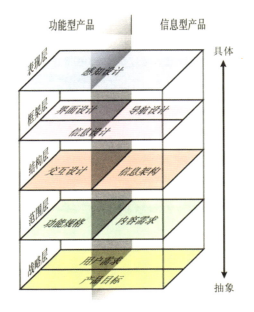

图1-28 用户体验五要素模型

一个产品前，在进行战略定位的时候都需要定义好产品相关目标，比如这个产品可以为用户提供什么样的服务，怎样做可以尽快交付等。用户需求指的是用户对产品或服务的具体需求、期望和愿望，这些需求可以包括用户对产品功能、界面设计、易用性、性能、可靠性、安全性等方面的期望。了解和满足用户需求是设计优秀用户体验的关键。通过研究用户需求，设计团队可以更好地定制产品，以确保产品能够满足用户的期望并提供愉快的使用体验。

（2）范围层：对应功能规格与内容需求

战略层设定了"目标"后，范围层需要针对这个目标进行规划，确立侧重点，完成具体功能和内容的取舍。功能性产品一侧转变成了对"功能规格"的创建，即详细描述产品应该具备哪些功能，以及这些功能如何工作。信息型产品这边以"内容需求"为主要形式，需明确产品需要提供哪些类型的内容，以及这些内容如何组织和展示。

当战略层的目标确立，就会对应多个需求，而一个需求又会对应多个功能，但是在快节奏的互联网环境中，必须排定功能的开发优先级，这也是范围层要做的重要工作。

（3）结构层：对应交互设计与信息框架

结构层关注如何将产品的功能和内容组织成一个有机的整体，负责设计用户如何到达某个页面，以及用户完成操作之后的显示页面，包括了"交互设计"与"信息架构"。功能型产品结构层的范围转变为交互设计，即关注用户与产品之间的交互方式，让用户更容易地完成任务；而信息型产品则关注如何将信息有效地组织起来，让用户能够轻松地找到所需的信息。

结构层的设计需要考虑到用户的认知习惯和心理模型，确保产品的功能和内容能够以符合用户预期的方式呈现。在这一层面，产品的设计开始具象化。

（4）框架层：对应信息设计、界面设计和导航设计

随后的框架层被分成了三个部分，信息设计是两种类型产品都需要完成的，都需要信息表达能够快速被用户理解。功能型产品框架层关注界面的元素设计，包括按钮、控件、照片、文本区域等交互元素在页面上的位置和互动方式；信息型产品界面的设计变成了导航设计，即如何通过界面设计来优化用户的操作流程，提供用户在不同页面或功能之间跳转的方法，确保用户能够轻松地在产品中清晰所在位置。

（5）表现层：对应感知设计

用户能够直接感受到的层面就是表现层，它涉及产品的视觉、听觉、触觉体验设计，比如字体的大小、导航的颜色、整体的布局等。表现层在设计当中利用颜色及空间划分视觉层级，通过不同平台来思考设计表现形式，梳理表现样式形成视觉规范性及交互统一性，让用户轻松看到产品的核心内容以及界面的核心操作。

这五个要素贯穿了产品的始终，如百尺高楼需要从整体构思再到结构设计再到细部装修一样，每一个层级都决定了产品体验的成败。学习用户体验目的是提高产品的易用性和使用效率，在 App UI 设计中，从用户体验出发进行设计能够帮助用户更快完成相关目标，减少用户犯错的概率。

1.3.2　App UI 设计如何提升用户体验

成功的、受欢迎的 App 产品往往能够快速帮助用户解决问题，并且有着良好、愉悦的使用感受。前文中我们了解了用户体验的五个要素，那么在 App UI 设计中，如何运用合适的方式提升用户体验呢？可以总结成以下几个部分。

（1）确立"以用户为中心"的设计思想

"以用户为中心"是被公认的能够创建高效用户体验的办法，如图 1-29 所示，将用户作为中心指导 App 产品设计的每一个环节，考虑用户的体验，让用户在整个使用过程中快捷、舒适，感受到"这个产品是为我量身定做的，我可以很容易掌握它，方便地使用它。"

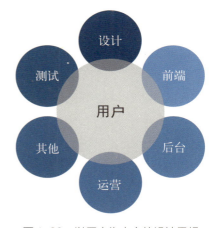

图 1-29　以用户为中心的设计思想

这种设计思想在团队工作中就像是一个风向标，凝聚着不同职能工作，保证不同阶段都结合了用户特点、使用习惯和心理特征来进行设计工作。

（2）使用直观明了的视觉设计

随着用户有了越来越多的同类 App 可以选择，用户会更注重他们使用这些 App 的过程中所需要的时间成本、学习成本和情绪感受。视觉设计的直观明了不是为了附和某种风格，其本质是为了避免冗余元素，让用户减少学习成本和时间消耗。直观的布局和明了的导航下用户能够快速找到所需信息或功能。有数据表明，如果新手用户第一次使用该 App 所花费在学习和摸索的时间和精力上很多，甚至第一次使用没有成功，用户大概率会放弃该 App。

（3）打造有趣易用的交互体验

交互设计是提升用户体验的关键环节。通过流畅的动效、合理的反馈机制以及便捷的交互方式，可以增强用户与 App 之间的互动感。例如在点击按钮时给予明确的动画反馈，让用户感受到操作的即时性和有效性。此外，还可以根据用户的使用习惯和场景，提供个性化的交互体验，如自动调整界面布局、推荐相关内容等。

（4）考虑良好适度的响应式设计

响应式设计是一种设计方法，旨在确保数字产品能够根据用户设备的不同屏幕尺寸和分辨率进行自适应调整（包括大小、展示方式），从而提供一致且良好的用户体验。App UI 的响应式设计的主要目标是让 App 在不同设备上都能良好地运行，而无需为每个设备单独开发不同的版本或界面。不过要注意的是，当交互习惯发生了改变（如手机与平板电脑的交互习惯有所不同），屏幕适配不能简单用响应式设计。如图 1-30 所示，交互习惯发生改变时，App 产品在不同设备上有独立的应用更合适。

图 1-30　iPad 运行手机应用与 iPad 独立应用

（5）重视用户测试

在设计过程中进行用户测试是非常重要的。用户测试可以帮助设计团队发现潜在的设计问题并及时进行调整和改进，另外有时候设计团队可能会假设用户使用 App 的方式，但实际用户可能有不同的偏好和习惯，用户测试可以帮助设计团队验证设计思路。通过用户测试，设计团队还可以了解用户对应用程序的喜好和需求，设计出更符合用户期望的界面和功能，从而增加用户的参与度和持续使用率。总之阶段性地进行用户测试可以帮助设计团队在设计和开发阶段发现问题并及时解决，避免在后期出现较大的调整和重做，从而节省成本和时间。

1.4　App UI 设计常用软件

App UI 设计在不同的阶段有不同的软件工具，每款软件各有所长，可以结合设计需求选择适合的软件搭配使用。我们从 App 整体设计链条的角度将常用软件分为三个类别，分别是思维导图类、界面制作类以及动效设计类。

1.4.1　思维导图类

思维导图类软件并非 App UI 设计的专属软件，它们主要用于组织和展示信息，在 App

UI 设计中，其可以帮助设计团队把混乱的思路梳理清楚，把抽象的思维图像化，把繁多信息中的重点提炼概括，帮助促进团队协作和沟通思路，辅助进行决策和规划。对于入门新手来说，学习使用的思维导图类软件能够在 App UI 设计初期理清 UI 层级关系，建议在同类软件工具中选择一到两种即可。

（1）XMind

XMind 在构建 App UI 设计的信息架构和流程图时很方便，是一款推出时间比较长、知名度比较高的软件。它提供丰富的绘图工具和模板，而且功能比较全面，可以在主题中插入本地图片、语音备注、标签、链接、手绘等丰富的主题元素。XMind 可以在 Windows、macOS、Linux 等多个操作系统上运行，同时也提供在线版本，但主要侧重于本地应用。图 1-31 为 XMind PC 端主界面。

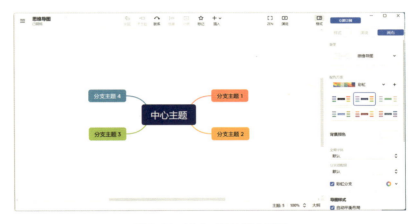

图 1-31　XMind PC 端主界面

XMind 的导出功能比较强大，在同类软件中具有较大优势。用户可以根据具体需求选择合适的导图类型，并进行自定义设置。它的导出支持为多种格式，如 PDF、Word、PowerPoint 等，方便用户进行分享和展示。

（2）MindMeister

MindMeister 和 XMind 功能比较类似，但 MindMeister 是一款基于云端的思维导图软件，可以在任何有网络连接的设备上使用。

虽然 MindMeister 与 XMind 核心功能相似度比较高，但相对来说，MindMeister 更侧重于云端服务，如图 1-32 所示，MindMeister 具备强大的协作和共享功能，适合团队合作，可以多人实时编辑，允许用户集体讨论想法、规划项目、做笔记等，用户可以邀请团队成员共同编辑同一份思维导图，他们可以同时在不同设备上进行编辑，实时查看对方的更改。

另外 MindMeister 的界面设计比较友好，用户无需具备专业的设计技能即可快速上手。通过拖拽操作，用户可以轻松地添加、删除和移动节点，调整节点之间的关系和层级。此外，MindMeister 还提供了多种自定义选项，用户可以根据具体需求调整颜色、字体和线条样式。

App UI 设计

图 1-32　MindMeister 的协作功能

（3）Lucidchart

　　Lucidchart 是一款在线图表和思维导图工具（图 1-33），用户可以在其中创建复杂的思维导图和流程图，用于规划和展示 App UI 设计的结构和功能。它支持多种图表类型，包括流程图、组织结构图、网络图等，其主要特点是拖拽式编辑、强大的图形库、与其他工具的集成。用户可以通过拖拽操作轻松创建和编辑图表，强大的图形库提供了丰富的图形元素和模板，用户可以根据需要进行选择和组合。Lucidchart 还支持与其他工具的集成，如 Google Drive、Microsoft Office 和 Slack 等，方便用户在不同平台之间进行数据交换和协作。

图 1-33　Lucidchart 官网界面

　　Lucidchart 也提供协作功能，多个用户可以同时编辑同一个图表，并通过评论和标注进行交流和沟通。

（4）Microsoft Visio

　　Microsoft Visio 是 Windows 操作系统下运行的流程图和矢量绘图软件，它是 Microsoft Office 软件的一个部分，特点是可以与 Microsoft Office 无缝集成，用户可以在 Word、Excel、PowerPoint 等办公软件中轻松插入和编辑图表，方便进行数据展示和报告制作。另外它专业的图表制作功能支持多种图表类型，如流程图、组织结构图、网络图等，用户可以根据具体需求进行选择和定制。

1.4.2 界面制作类

界面制作类软件在 App UI 设计中主要分为制作原型和界面视觉。原型设计用于创建交互式原型和测试用户体验，界面视觉用于创建视觉设计和输出设计文件，大部分界面制作软件都能同时满足这两种需求，实现设计目标和优化用户界面设计。

（1）Figma

Figma 是一款基于网页的 UI 界面设计工具，常用来设计 App 原型图尤其是高保真原型图。因为是云端软件，用户不必下载安装，打开网页即可操作（图1-34），项目不占用本地空间，直接保存在云端，一度被广泛应用于各大互联网公司。除了网页端，Figma 也可以下载安装本地，且不仅适用于 Mac 端，还能支持 Windows、macOS、Linux 等多种系统，适配度极高。帮助团队进行可视化协作是 Figma 的特色之一，无论是在同一个团队还是远程工作，Figma 都允许许多用户实时合作，免去了文件传输的烦琐，能有效提升工作效率，属于界面设计和团队协作方面功能都较为成熟的软件。另外，社区资源是 Figma 的特色之二，它具有自己的插件生态和设计资源社区，这里有设计师所开发的 Figma 工具箱、设计资源精选、插件合集和 Figma 官方文档，用户可以通过安装插件来提高设计效率。

图1-34　Figma 工作界面

目前的 Figma 正在朝着智能化方向发展，Figma AI 功能已经处于测试阶段，可以通过指令让 Figma 自动生成 UI，但还没有中文版本。另外由于 Figma 的总服务器在国外，对于国内用户来说，在使用时可能会遇到网络延迟、内置字体与中文不兼容等问题。

（2）即时设计

即时设计同样是一款在线可协作的 UI 设计工具，拥有较多的设计资源与素材，支持导入 sketch 格式的源文件，支持创建交互原型、获取设计标注、快速切图、团队协作等工作。即时设计内部是全中文操作环境，多了部分适应本土化的新功能，集设计、原型、交付为一体，能够贯穿产品创造的全过程，对大多数国内 App UI 设计者比较友好（图1-35）。

图 1-35　即时设计工作界面

值得一提的是，即时设计也推出了自己的 AI 工具——即时 AI，可由文本描述生成可编辑的原型设计稿，将创意快速转化为实际的设计。

（3）Axure RP

Axure RP 是一个较为老牌的专业快速原型设计工具，可以快速创建 App 的线框图、流程图、原型和规格说明文档（图 1-36）。Axure RP 允许用户创建交互式原型，包括页面、表单、按钮、滚动条等等，也提供了动态面板，有丰富的部件库，支持多人协作，支持第三方插件和扩展。但 Axure 的交互功能相对较弱，虽然支持基本的交互功能，但相对于更年轻的原型设计工具（如 Figma 或即时设计）来说，交互功能有限，还有 Axure RP 入门门槛较高，相对复杂，对于新手来说，学习曲线可能比较陡峭。

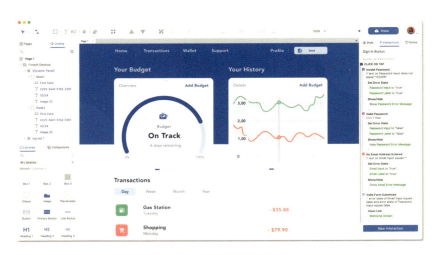

图 1-36　即时设计工作界面

（4）Adobe Photoshop

Adobe Photoshop 是一款图像处理软件，广泛应用于图像编辑和处理。尽管 Photoshop 主要处理由像素组成的数字图像，但它仍然可以用来进行移动 App UI 设计，特别是对图像和图标的处理和编辑。如图 1-37 所示，在 Photoshop 中可以制作精美的图标效果。

1.4.3 动效设计类

动效是 App UI 视觉元素产生的动态效果，App UI 动效包含了过渡动效、交互动效和滚动动效。动效设计软件可以帮助用户创建、编辑和展示动效效果，在 App UI 设计中，动效常用专用的软件来实现，主要有 Principle 和 Protopie。

图 1-37　图标设计效果

（1）Principle

Principle 是前 Apple 工程师打造的一款交互原型和动效设计软件，仅支持 MacOS 系统，软件操作简单，学习成本低，主要是做轻量级的交互动效。

Principle 在快速创建交互动画上非常出色，用户可以通过简单的拖放操作添加动画效果，并通过触发事件控制动画的播放和停止（图 1-38）。丰富的交互动画效果和细致的时间轴控制使得软件交互动画功能很受用户的青睐。整体来看，它更侧重于设计和动画制作，适用相对短的交互流程和场景，比如实现一次页面跳转和返回，单个页面中的组件交互，但其不提供基础的页面过渡动画功能。

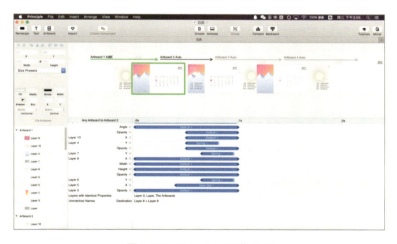

图 1-38　Principle 工作界面

（2）Protopie

Protopie 同样是一款原型设计工具，支持 Windows 和 MacOS 两种主流操作系统，在动效制作方面，相比 Principle 它更适用于制作相对完整的交互流程，包含多个页面的跳转和仿真的交互设计，比如购买机票的流程设计，它包括选择日期、查看航班、选择班次、确认订单等多个页面的组合。Protopie 侧重通过模拟真实环境中的用户交互来测试应用的动效和用户体验，允许用户创建高保真的原型，图 1-39 为其工作界面。

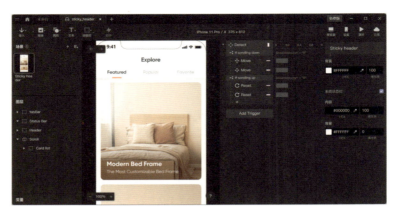

图 1-39　Protopie 工作界面

1.4.4　AI（人工智能）辅助设计

在 App UI 界面设计领域，人工智能技术的应用越来越广泛，AI 技术从最初的只能生成图片已经发展到了可以通过文字描述直接生成 App UI 界面，为设计师提供了一条新的灵感来源路径，这些辅助工具有的可独立使用，有的是作为插件生产界面，可以实现文本或者图像生成 UI 设计、设计灵感等操作，也为不同部门间的沟通协作提供一种新的、更高效的解决方案。

（1）Galileo AI

如图 1-40 所示，它是最早提出"Text to UI"概念的产品之一，并在 2024 年初正式推出 Galileo 1.0 模型，支持通过文本/图像生成高保真的 UI 设计，还可以导入 Figma 中做进一步的编辑。

图 1-40　Galileo AI

Galileo AI 最大的特点是能够通过简单的文本描述生成高保真的 UI 设计。它结合了先进的人工智能技术和机器学习算法，可以理解复杂的提示并生成符合用户愿景和风格的设计。此外，它还可以使用 AI 生成的插图、图像和准确的产品文案来填充设计，从而节省设计师的时间和精力。使用 Galileo AI 时，用户只需输入想要创建的 UI 的文本描述，AI 就会根据提示生成设计。这个过程非常快速，通常在一分钟内就能呈现多个视觉布局选项。生成的设计可以进一步自定义和优化。用户可以更改颜色、形状、字体等，并且可以选择深色或浅色模式，以适应不同的设计需求。

（2）Uizard

Uizard（图 1-41）是基于 AI 的 UI 设计平台，设计师可以使用它轻松地生成、编辑和迭代 UI 草图和原型。Uizard 和 Galileo 一样支持文本、截图和线框图生成 UI 设计，此外还可以通过截图快速复制某种界面的设计风格，提升设计效率。

图 1-41　Uizard

Uizard 的 Autodesigner 功能允许用户根据文本提示生成多屏项目，也允许用户通过自然语言与设计助手进行交流，输入简单的文本提示，Autodesigner 就能理解设计意图，并实时生成相应的设计元素。

（3）Visily

Visily 是一款功能非常全面的 UI/UX 原型设计工具，其 AI 功能同样强大（图 1-42）。用户可以通过简单的文本提示，快速生成设计概念和原型。Visily 里的 AI 配色助手可以帮助用户自动生成配色方案，使设计的颜色搭配既美观又符合品牌风格，另外用户还可以上传一个现有的设计，Visily 的 AI 将分析其风格并应用到新的设计中，实现风格一致性。

图 1-42　Visily

（4）即时 AI

即时 AI 是即时设计推出的一款 AI 工具，它能够通过自然语言描述快速生成可编辑的 UI 设计稿。用户只需输入文字描述，即可一次性生成包含矢量图层和图标、支持二次编辑、分层结构清晰的 UI 设计稿（图 1-43）。

图 1-43　即时 AI

需要注意的是，AI 生成的界面设计需要进一步的迭代和优化，不要期望 AI 一次性提供完美的解决方案，而是将其作为设计过程中的一个工具。另外对于初学者来说，AI 可以作为创意的助手，但不应完全取代创意构思。在使用 AI 工具时，仍需设计师的创意参与和最终决策。最后，使用 AI 生成设计元素时，要注意版权问题，确保使用的素材是合法授权的，同时要确保设计符合可访问性标准。

1.5　团队协作的重要性

团队协作是指多个人共同合作，共享资源和知识，以实现共同的目标。如图 1-44 所示，团队协作往往需要参与到 App 设计的多个环节中，因为 App UI 设计是一个复杂且多维度的工作，团队协作能够确保设计的各个方面都能得到充分的考虑和打磨。设计的过程不仅仅是关于界面的视觉美观，更是关乎用户体验、产品功能以及品牌形象的综合体现，所以在 App 初期建设项目和组织中，一般建议有不同背景和专业技能的团队成员共

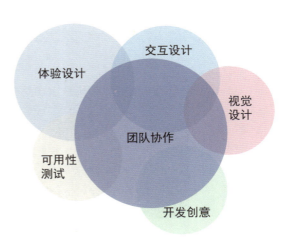

图 1-44　团队协作的重要性

同参与，并且在团队协作上能够达成共识。

为什么要强调团队协作的重要性，尤其是团队协作设计的重要性？

首先，团队协作能够整合各种资源，使得整个设计过程更加高效。在App产品的设计中，通常会涉及界面设计、用户体验设计、用户测试等多个环节，通过团队协作，可以将这些环节紧密地连接起来。前文中所提及的UI设计类软件，近年来一直在朝着满足"团队协作"功能而更新，这也能看到团队协作已经成为这个领域设计的主流方式。其次，一致性和连贯性会影响用户体验，团队成员通过共同制定设计规范，可以确保每个设计元素都符合整体风格，确保设计的一致性和连贯性。再次，团队协作还能够提高设计的质量和稳定性。在App设计中，难免会遇到各种问题和挑战，团队成员的协作可以集思广益，共同解决问题，同时确保设计的每个细节都符合标准和要求。

1.5.1　App产品的团队组建

新手在选择成员组建团队时候常常考虑的一个首要问题是——团队的规模多大？团队规模会影响项目的成功与效率，当任务越是复杂和不确定，团队的组成人员就越是重要，那么团队成员是否越多越好呢？实际上团队的人数并没有一个固定数量，也并非越多越好。臃肿的团队会增加沟通成本，降低效率，人数多少取决于项目的规模、复杂性和功能，因此团队人数并不是越多越好。如果个人经验丰富，团队规模可以较小，相反则可以适当加大，根据实际需要向上扩张。相比团队规模的考虑，在组建App产品团队时，遵循一些关键原则更能帮助确保团队的高效运作、协作顺畅和产品成功，如图1-45所示。

图1-45　App产品的团队组建所遵循的基本原则

（1）以用户为导向

团队的工作应该始终以用户为中心，关注用户需求和体验，确保产品能够满足用户期望并提供价值。

（2）明确目标和需求

团队成员需要明确理解产品的目标和用户需求，以便团队的工作都围绕这些核心目标展开，确保产品能够满足用户需求。

（3）重视多元化和包容性

团队成员应来自不同的背景和专业领域，以便能够从多个角度思考问题，激发创新灵感。同时，确保团队成员之间有良好的沟通和协作能力，能够顺畅地交流想法和反馈，共同推动项目进展。

（4）建立反馈机制和评估体系

反馈机制和评估体系包括内部评审、用户测试和客户反馈等，方便及时调整设计方向和策略，确保项目最终能够成功交付并满足用户需求。

1.5.2 团队成员的不同角色与职责

App 产品设计发展至今，已经趋于成熟，在互联网发展和用户反馈中慢慢形成了常规设计链路。我们从图 1-46 中不难看出，一款产品上线经历的阶段较多，包含了交互设计、视觉创意、技术开发等，并且在迭代优化中循环，所以成员角色相对来说较为多元与复杂，有的体量大的产品在每个"版块"都需要不同类型的多个团队成员共同负责完成。不过在不同的公司规模和产品背景下，有的环节也会合并交于同一个成员完成。

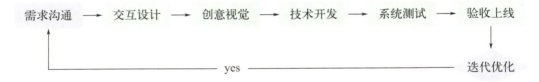

图 1-46　App 产品常规设计链路

当我们决定组建一支 App UI 设计团队，以完成项目设计作为最终目标，那么就需要团队成员们在角色和职责上达成共识，无论项目体量大小，关键角色都不可忽视。

与 App UI 设计相关的成员角色（如图 1-47）有以下常规角色与职责。

图 1-47　App UI 设计相关成员角色

首先在团队中我们需要一个产品经理。他对于团队而言就像是"队长"，是整个项目的核心驱动者和领头人，把握着项目的大方向，确保产品能够精准地满足市场和用户的需求。在实际的工作岗位中，产品经理还需要与销售和营销团队紧密合作，支持产品的推广和销售，并通过数据分析和用户反馈来不断优化产品。有的团队在产品经理后增设项目经理作为项目的执行者和监控者，负责规划、执行和监控项目的整体进度。如果没有，这些职责将由产品经理一同完成。产品经理的输出物是需求文档，即为交互设计师和用户体验设计师提供精准的描述产品功能、特性和需求的文件。

产品经理的需求文档是一份宏观指导文件，交互设计师和用户体验设计师负责的是确保用户能够拥有流畅、直观且愉悦的操作体验，这两个角色专注于界面交互逻辑的设计。在实际工作中，两者通常需要密切合作，或者合并为一个角色。在区别上，交互设计师更专注于设计用户与产品之间的具体交互方式和操作流程的设计，而用户体验设计师更注重整体用户体验的设计和优化，包括用户的情感体验、使用便捷性等方面。用户体验设计师的工作决策会影响用户与 App 之间的交互方式，包括界面的信息架构、导航体系、元素布局以及交互流程等。交互原型是这个阶段的主要输出物，通常使用专业的原型工具来创建，原型能够模拟用户与界面的交互过程，帮助设计师快速验证和测试设计概念。其他输出物还包括用户需求报告、用户旅程地图、优化建议等。

在交互原型完成后，工作流转至视觉设计师，这个角色负责 App 产品的视觉呈现，完成最终用户界面的设计和用户体验的优化，角色职责主要是通过创意思维和设计技巧来创造出直观、易用且吸引人的界面设计，包括 App 的视觉风格、色彩搭配、图标设计等，视觉设计师是最后产品和用户的直接"触点"设计者，因为最终的呈现直接影响用户对 App 的第一印象和整体感受。

1.5.3 设计协作常用工具

在 App 设计协作过程中，团队常用的工具可以分为 UI 设计工具与项目管理协作两大类。前文"1.4 App UI 设计常用软件"属于前者，其中大部分设计工具已经在不断地更新中有了协作功能，像 Figma、即时设计这类工具也因为其优秀的云端协作平台被设计者青睐。除此之外，还有一些协作平台，主要用于团队和项目管理，能够进一步提升 App UI 设计团队的工作效率，以下是一些项目管理协作常用工具。

（1）文档协作工具：飞书

在 App UI 设计中，考虑到用户体验和功能需求，文档协作工具可以满足团队在日常工作中对高效沟通和协作的需求，尤其是在需要频繁进行文档修改和讨论的场景下。飞书是一款团队常用的文档协作类工具，优势是可以让团队成员随时随地进行沟通和协作，实时协作和云端功能支持插入图片、表格、文件、视频、任务列表、投票、代码块等多种内容。飞书的协同编辑功能特别适合需要频繁编辑和共享文档的团队，其支持多人共同云端编辑，并且可以自动保存，这样团队成员可以实时看到彼此的修改，可以提高团队工作效率。

（2）在线协作白板平台：Boardmix

在线白板协作平台是允许团队成员在同一个在线白板上进行协作，通常具有实时编辑、多人协作等功能，适用于头脑风暴、项目规划等。Boardmix 是一款基于云端的协作白板工

App UI 设计

具，提供了多种功能和工具，包括画布、图形、文本、标签、评论等，可以支持团队成员在同一个画布上进行实时协作和交流。

（3）在线会议工具：腾讯会议

视频会议工具让地理位置分散的团队成员通过视频、音频以及文件共享进行实时交流，并共享知识、跟踪项目和共享文件。腾讯会议是一款简单易用的在线会议工具，其多端入会功能允许用户在电脑、手机、平板等设备上同时入会，因为团队经常需要在会议中展示设计稿或共享资料，这一特性使得设计团队成员可以在不同设备上使用，非常方便。此外，腾讯会议还支持在平板上进行批注，还有智能优化版的文字记录，对于设计团队来说非常有用。

值得我们注意的是，未来的设计趋势预示着设计的界限将逐渐模糊，传统平面设计师、UI 设计师和技术人员之间的界限将模糊化，这意味着团队协作的能力变得更为重要。以团队为单位进行设计逐步常态化，设计协作不仅是趋势，而且是未来设计中不可或缺的一部分。通过有效的协作，设计师们可以更好地利用新技术和新工具，创造出更加生动、动态和具有创新性的设计作品，同时确保这些作品在不同设备和平台上的有效展示和使用。

总结回顾

本章探讨了 App UI 设计的概念、重要性、发展历程、未来趋势等，为 App UI 设计打下基础，为设计实训做好铺垫。

本章定义了 App UI 设计，强调了移动媒体的便携性和互动性，讨论了 App UI 设计与网页设计的不同之处，包括应用媒介、操作习惯、屏幕空间、设计规范和技术要求。在历史与趋势部分，回顾了从命令行界面到图形用户界面的发展，以及智能手机的兴起如何引领 App UI 设计。本章还介绍了 App UI 设计中常用的软件工具，包括思维导图类、界面制作类、动效设计类软件和 AI（人工智能）辅助类软件，并特别强调了团队协作在设计过程中的重要性，以及如何通过有效的团队组建和协作工具来提高设计效率和质量。

课后实践

收集不同类型和功能的 App UI 设计作品，多看多使用，了解市场上已有的 App UI 设计的形态、互动、视觉效果。选择 1~2 款设计工具进行设计探索，在 UI 设计范围内尝试 1 种 AI（人工智能）工具的使用。

2

App UI 设计原则与规范

遵循良好的 App UI 设计原则与规范，可以减少用户的学习成本，能够让用户在使用 App 时感到舒适、便捷，从而提高用户满意度和留存率，提高用户使用效率。学习这些原则与规范，能够使设计师清晰地认识到 App UI 设计不仅仅是关于美观，更是关于功能性、可用性和商业价值的综合体现。

【学习目标】
1. 了解 App UI 相关设计原则
2. 掌握 iOS 界面设计的方法
3. 熟悉 iOS 系统的基本规范

2.1 App UI 界面设计原则

在界面设计中,设计师需要遵循一定的设计规范来确保移动端界面的美观性和易用性。以下是三个核心原则:一致性原则,简约性原则,人性化原则。

2.1.1 一致性原则

一致性原则是指在界面设计中保持设计元素的一致性,使用户在使用过程中能够减少学习成本和操作失误,同时可以提高产品的使用效率。设计元素的一致性可以包括元素的特征、造型、颜色、功能等,将界面的设计元素进行统一,让用户在接触界面或者使用界面时可以节省识别时间、区分界面板块和定位功能区域等。一致性原则又包括视觉一致性、功能一致性和内容一致性三个部分。

首先是视觉部分,指的是界面中的颜色、字体、排版风格、图标等设计元素保持统一。

(1) 视觉一致性——颜色

颜色方面强调在不同页面状态下保持一致的颜色方案。

❶ 确定界面主色调。需要根据产品的调性或用户定位确定界面主色调,主色调在整个界面中应占据主导地位,并贯穿各种界面元素和视觉层次,使用户在使用 App 产品时形成视觉印象。

界面主色调的选择可以有效地强化品牌的视觉认同,关于颜色选择,需要设计师了解的一点是选择主色调与用户对颜色的惯性认知有关。比如说设计一款智能家居类的 App 界面时,很多设计师通常会选择冷色为主色调,如蓝色、灰色和银色。因为冷色会让 App 产品的视觉感受更富有科技感,能通过颜色传递出一种现代和未来的"味道",比较符合智能家居产品的定位,还能营造出一种高端、专业的使用氛围(图 2-1、图 2-2)。

图 2-1 智能家居 App 界面设计 1

图 2-2 智能家居 App 界面设计 2

❷ 主色调的重复使用。在确认主色调后,在不同的页面设计中频繁运用,让用户在使用不同页面时产生联想,同时可以保持 App 产品的颜色统一。例如网易云音乐采用暗红色为主

色调（图 2-3），并将暗红色运用在所有界面设计的局部以及产品图标中，这么做能够强化该产品的一致性和辨识度。

在 App UI 设计中也可以运用颜色惯性来帮助用户更快地理解界面的功能和操作。比如人们在日常环境中看到绿色时，往往会联想到安全、允许、正确等，而看到红色则会联想到危险、禁止或停止（图 2-4）。回归到界面设计中，绿色常被用于"支付成功""保存成功"提示，确保用户看到绿色的提示时，能够迅速联想到操作已成功，让用户感到安心，知道这一操作是被允许并且是积极的。而红色常被用于提示"支付失败""不通过"或"取消"，提醒用户该操作可能带来负面的结果。

图 2-3　网易云音乐 App 主色调

图 2-4　绿色与红色图标

（2）视觉一致性——字体

在移动端界面中，字体过于复杂或多样化可能会使界面显得杂乱无章，增加用户的认知负担，而统一的字体能帮助用户快速适应并理解界面的信息层次。例如，当用户需要进入某个功能窗口时，在复杂的字体界面中需要花费 5 秒的时间，这无疑分散了用户的注意力、降低了界面的可读性。在移动端的小尺寸屏幕上，不同字体的跳跃感会让用户难以精准定位或专注于具体信息。假如标题、副标题和正文分别使用不同的字体，用户可能会困惑于字体排版之间的关系，增加认知时间。相比之下，当用户在简洁的字体界面中只需要花费 2 秒的时间就可识别成功，时间的减少会提高用户的浏览效率和体验满意度，帮助用户迅速找到他们需要的信息，减少不必要的思考和视觉干扰。

图 2-5　某游戏登录页面

在设计过程中建议选择一到两种字体，在所有的页面状态下统一使用，确保界面文本的可读性和美观性。如图 2-5 所示，即使是画面风格活泼的游戏界面，字体选择也没有超过两种。

另外，为了进一步提升界面的易用性，建议在保持字体类型一致的基础上，通过字体大小、粗细、间距等方式来区分不同的信息层次。不同类型的文本可以通过不同的字体样式来传达其重要性和功能。就像学生在写学习笔记时，喜欢用较大或加粗的马克笔来记录标题或关键词，以此来区分文字信息的不同层级，这一书写和阅读习惯也适用于进行界面设计。在界面设计中，标题可以使用较大的加粗字体，以吸引用户注意，也能让用户快速定位界面的板块，正文则采用适中的字号和正常的字重，以确保界面文字的可读性。如图 2-6 所示，设计师用加粗的字体来增加界面的可读性，使用户的视觉焦点集中在加粗字体上，及时得到界面信息反馈。

（3）视觉一致性——排版风格

排版风格的一致性是指文本和视觉元素在界面中的布局和呈现方式需要保持一致。说到排版，似乎传统媒体的平面设计中更多运用这个名词，实际在 App UI 设计里也要讲究排版风格规范。

图 2-6　字体的放大和加粗可以增加可读性

不同于传统媒介，界面设计的媒介是各种数字屏幕，这些设备的屏幕大小、分辨率和显示特性都会影响到界面布局的设计。在不同的设备和屏幕尺寸上，一致的排版风格可以确保内容的可读性和美观性，无论用户在何种设备上使用 App，都能获得一致的视觉体验。如图 2-7 所示，QQ 音乐 MAC 端与安卓移动端界面即便屏幕大小不同、系统不同，但排版风格如出一辙，都保持了清新松弛的空间界面效果。

对于设计师来说，一致的排版风格可以提高设计效率。设计师可以创建一套设计模板，然后在整个 App 中重复使用，这样可以减少设计时间和成本。在团队协作中，一致的排版风格可以确保不同设计师或开发者之间的工作成果保持一致，避免因为风格差异导致的混乱和不一致。

图 2-7　QQ 音乐 MAC 端与安卓移动端界面对比

（4）视觉一致性——图标

图标作为界面设计中的关键组件，主要通过视觉表达引导用户完成操作。保持图标的一致性是确保视觉一致性的关键因素。

❶ 设计风格的统一。这包括图标的形状、线条粗细、填充方式等多个方面。例如，使用相同的线条粗细和圆角处理，可以让所有图标在视觉上具有一致性，避免因为风格差异而导致界面杂乱无章，用户在浏览和操作界面时，不会因为风格上的差异而感到困惑，如图 2-8

所示，每一个图标都采用了双色线条结合的方式（这也是图标绘制常用手法），线条粗细、圆角都较为一致，使用在页面中就会富有统一感。

❷ 用色方式、尺寸大小的统一。在同一应用中，图标的颜色应与整体界面的配色方案相协调，确保它们既能吸引用户的注意，又不会与其他元素发生冲突。同时，保持图标的大小一致，可以避免界面显得不协调或混乱，而统一的尺寸则能够帮助用户快速识别。如图 2-9 所示，淘宝金刚区的图标汇总中可以看出，所有图标的色域、图标呈现的大小范围都在同一个维度上，没有个别哪个图标特别"出挑"，有效地形成了统一。

第一是视觉部分，视觉一致性是 App 界面设计的核心原则之一，通过保持视觉元素的统一，我们可以创建一个连贯、协调的界面，提升用户的操作体验和品牌认知。同时，上述提及的四个方面相互联系，设计师需要同时考虑多个方面的情况，寻找界面视觉设计的平衡。这样的 App 界面不仅可以提高用户的操作效率，还可以增强品牌的识别度和用户的忠诚度，使 App 产品在竞争激烈的市场中脱颖而出。

图 2-8　图标统一性示例

第二是功能部分，是指相同或相似的功能在不同页面中的表现和操作方式应保持一致。这一原则确保用户在使用应用时，无论在哪个页面上执行相同的操作，都能够有预期相同的结果。这里主要是指操作与互动行为的一致性。

图 2-9　淘宝金刚区图标组

操作与互动行为的一致性要求相同的操作元素（如按钮、滑块、输入框等）在不同页面中具有相同交互行为。例如，用户在 A 页面上有"下一步"的操作，那么在 B 或 C 页面中，同样的"下一步"功能按钮也应具有相同的互动方式。用户在跳转到其他页面时会下意识地了解到界面功能，无需重新学习如何使用这些元素。用户在使用某个功能时，如果在一个页面上需要经过一系列步骤，那么在其他页面中使用相同功能时，也应遵循相同的步骤和逻辑。如图 2-10 问答界面设计所示，三个选

图 2-10　问答界面设计示例

项都采用统一的外观和交互跳转方式，这样的选项设计沿用至 App 所有问答界面中，用户在其他界面也无需重新学习如何操作，这样的设计可以帮助用户节省时间，快速做出反应。

此外，错误处理和反馈的方式也应保持一致。用户在执行相似操作时，如果遇到错误或需要确认操作，界面应提供一致的反馈方式，例如统一的提示信息、弹出框或错误标志。这种一致性不仅增强了用户的操作体验，还能帮助用户更好地理解和纠正错误，减少使用过程中可能出现的挫败感。

第三是内容部分。内容一致性是指 App 界面中，所有的术语、标签、信息架构等内容元素应保持统一。内容一致性确保用户在浏览和操作应用时，能够始终看到一致的表达和信息结构。

（1）术语和标签

无论是在主菜单、设置选项，还是在操作按钮和提示信息中，使用的术语和标签都应保持一致。例如，在游戏 App 中，某个功能在一个页面中被称为"装备库"，那么在其他页面中提到该功能时或文字信息显示该功能时，应该使用相同的术语，而不是类似的"背包""工具箱"等。这种一致性可以帮助用户建立明确的认知，避免因术语差异而产生困惑，这也要求设计师在初期界面概念策划阶段明确术语标准。

（2）内容的呈现方式

App 中的导航结构、层级关系和页面布局应在不同页面排版中保持一致。如图 2-11 和图 2-12 的界面所示，设计师充分考虑到了这款游戏的玩法和交互流程在不同设备、不同尺寸的呈现效果。尽管设备和尺寸有所不同，大尺寸可以让设计师将更多细节的功能信息进行展现，在保证内容一致性的前提下，将游戏模块集中在界面的正中间，让用户在操作界面时可以快速做出交互反应。

（3）文本风格和语言风格

所有的文本内容应遵循统一的写作风格、语气和语法规则，这不仅包括界面页面上的标题和正文，还包括提示信息、按钮标签和错误消息等。

图 2-11　开心消消乐游戏平板界面案例

图 2-12　开心消消乐游戏手机界面案例

这好比品牌店的系列产品，这些产品需要根据品牌调性和主题进行创作，设计风格需要统一与一致。通过保持一致的语言风格，为用户提供一个更连贯和专业的阅读体验。

总的来说，视觉、功能和内容的一致性共同作用，可以创造出一个连贯且易于使用的应用界面。用户在这样统一的操作环境中，能够更高效地完成任务，享受更加愉悦的使用体验，同时也可以加强应用的品牌形象和用户忠诚度。

2.1.2 简约性原则

（1）减少视觉杂乱

通过去除不必要的元素，设计师可以创建一个更加清晰、直观的界面，让用户的注意力集中在核心内容上。视觉杂乱通常来源于过多的颜色、图标、按钮或复杂的背景元素，这些都会分散用户的注意力，增加他们在界面中找到所需信息的难度。例如图 2-13 的王者荣耀游戏大厅界面案例，新版本界面设计将文本信息和杂乱的图片去除，将界面的视觉中心位置进行整改，将游戏角色放置视觉中心，提高视觉效果，让用户接触到一个更简洁明了的界面。

（2）聚焦核心功能

应用中的功能越多，用户的选择也就越多，这可能会让用户感到困惑。因此，设计师需要在界面中突出最常用和最重要的功能，而隐藏或简化次要功能。设计师可以使用视觉层次结构、颜色对比和图标大小等设计手法来突出核心功能，使其在界面中更为显眼，吸引用户的注意。

（3）明确信息传达

用户在使用应用时，期望能够快速、准确地获取他们需要的信息。比如当用户想跳转到下一个步骤或者下一个页面时，关键的图标按钮指向性不明就会马上增加用户的操作负担，从而快速降低用户的好感，产生糟糕的体验。

为实现明确信息传达，设计师可以选择简洁的图标，如图 2-14 所示，这套图标能够帮助用户在最短时间内理解内容，图案清晰、线条简洁，能够使用户直观地看出该套图标是与医护相关的指向。

图 2-13 王者荣耀游戏大厅界面设计案例　　　　图 2-14 简约型图标示例

2.1.3 人性化原则

（1）保持同理心

同理心是用户体验设计的核心，是指设计师能够理解和感受用户的情绪、需求和动机，从而创造出能够满足用户需求和期望的产品或服务。它要求设计师超越表面的功能和美学，深入到用户的内心世界。通过同理心，设计师可以预见用户在使用过程中可能遇到的困惑或不适，从而在界面设计中提供更直观、更友好的解决方案。比如在帮助用户解决问题时，设计师可以通过友好的提示信息和明确的操作指引，让用户感受到应用对他们的理解和支持。

（2）个性化定制

目前，越来越多的 App 允许用户根据自己的喜好和需求来自定义界面和功能。这种个性化定制不仅满足了用户的个人需求，还增强了他们对应用的归属感和控制感。通过提供多样化的设置选项，如主题色、字体大小、界面布局等，用户可以根据自己的习惯和偏好调整应用，使其更符合个人使用习惯。如图 2-15 的老年人"关怀版"手机银行界面案例所示，设计师将字体进行加粗或加大，让字体大小更适合老年用户阅读和操作。个性化定制不仅增加了应用的灵活性，还增强了用户的忠诚度，使其更愿意长时间使用该应用。

图 2-15 老年人"关怀版"手机银行界面案例

（3）情感化设计

情感化设计关注的是用户在使用应用时的情感体验，通过设计来激发正面情绪，增强用户的愉悦感。

情感化设计通常通过视觉元素、动画效果、音效或互动体验来实现，目的是让用户在使用过程中感受到应用的温暖和贴心。例如，细腻的动画效果、友好的语言表达以及细致入微的界面反应，都可以为用户带来愉快的情感体验。情感化设计让用户与应用之间建立更深的情感连接，进而增加用户的依赖性和忠诚度。

2.2 iOS 系统界面设计规范

在业内，iOS 系统规范因其一致性、高质量标准、丰富的设计资源、满足用户期望、跨平台设计的便利性、全球影响力以及设计哲学，成为许多设计师的首选参考，无论设计师专注于安卓还是苹果平台上工作，都倾向于使用 iOS 系统规范。

iOS 是由苹果公司开发的移动操作系统，首次发布于 2007 年，与 iPhone 一同问世。iOS 系统界面设计规范则是为其操作系统提供的设计指南，旨在帮助设计师创建符合 iOS 平台风格和用户体验标准的应用界面。接下来我们先来了解一下 iOS 系统都有哪些基本单位。

2.2.1 基本单位

iOS 的界面设计中的基本单位有"点"（Points，常缩写为 pt）、"像素"（Pixels，常缩写为 px）、"分辨率"（Resolution）与"像素密度"（Pixel Per Inch）。

（1）点

"点"（pt）是 iOS 界面设计中最基本的单位，用于定义元素的尺寸和位置。一个"点"在不同分辨率的设备上可能对应不同数量的物理像素，但在设计时，点数需要保持不变，以确保设计的一致性。

为了更好地理解"点"（pt），可以将它与物理世界中的"厘米"或"英寸"相比较。假设你要在草稿纸上画一个长方形，长方形的边长通常用"厘米"来进行衡量。在 iOS 设计中，如果设计师要在屏幕上绘制一个按钮，这个按钮的大小通常用"点"来表示。点数决定了元素在屏幕上的占用空间，但它并不直接等于像素。

在屏幕分辨率不同的设备上，"点"和"像素"之间的对应关系也不同。例如在常规屏幕（如老款 iPhone 3GS）上，1 点通常等于 1 个像素，而在 iPhone 11 的屏幕中，1 点等于 2 个像素，在更高像素密度的设备上差异就更大，比如在当下比较新的 iPhone 15 的屏幕里，水平方向上每个点大约等于 41.9 像素，垂直方向上每个点大约等于 19.2 像素。

（2）像素

像素（px）是屏幕的物理显示单位，表示屏幕上的一个最小发光点。iOS 设备通常使用高分辨率显示屏，就像上文提到的 iPhone 15，这些设备上的一个"点"可能由多个物理像素组成。你可以把像素想象成一张巨大的马赛克图片中的一个小方块，屏幕上的每一个像素都会发光，显示出不同的颜色，成千上万个像素组合在一起，最终形成了你在屏幕上看到的图像和文字。

每个屏幕都是由无数个像素组成的，像素越多，屏幕就越清晰。这就是为什么高分辨率的设备，比如 Retina 显示屏，看起来比普通显示器更清楚的原因，因为它们能在同样大小的屏幕上显示更多的像素。图 2-16 所示手机端 iOS 界面设计常用尺寸基本单位也是目前设计师制作 App UI 设计的常用尺寸，具体也可在苹果开发者网站中查询。

iPhone 15 Pro Max	430x932 pt (1290x2796 px @3x)
iPhone 15 Pro	393x852 pt (1179x2556 px @3x)
iPhone 15 Plus	430x932 pt (1290x2796 px @3x)
iPhone 15	393x852 pt (1179x2556 px @3x)
iPhone 14 Pro Max	430x932 pt (1290x2796 px @3x)
iPhone 14 Pro	393x852 pt (1179x2556 px @3x)
iPhone 14 Plus	428x926 pt (1284x2778 px @3x)
iPhone 14	390x844 pt (1170x2532 px @3x)
iPhone 13 Pro Max	428x926 pt (1284x2778 px @3x)
iPhone 13 Pro	390x844 pt (1170x2532 px @3x)
iPhone 13	390x844 pt (1170x2532 px @3x)

图 2-16　手机端 iOS 界面设计常用尺寸基本单位

（3）分辨率与像素密度

分辨率和像素密度是两个影响屏幕显示效果的重要概念。它们决定了屏幕上图像的清晰度、细节程度，以及观看时的视觉体验。

分辨率是指屏幕上可以显示的像素总数，通常用"宽度×高度"的形式表示。例如，1920×1080 表示屏幕宽度有 1920 个像素，高度有 1080 个像素。分辨率越高，屏幕可以显示的内容越多，图像也会越清晰。例如 720P 分辨率（1280×720 像素），这通常适用于较小的屏幕，如一些老款的手机或小型电视。而 1080P 分辨率（1920×1080 像素），这是全高清（Full HD）分辨率，广泛用于电视、电脑显示器和手机，比 1090P 更高清的则是 4K 分辨率。

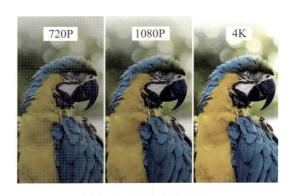

图 2-17　照片分辨率对比

如图 2-17 所示，分辨率就像照片的"尺寸"，如果照片的分辨率太低，放大时就会模糊，细节也不清楚。而高分辨率照片即使放大，也能保持细腻的细节。

像素密度通常用 PPI（Pixels Per Inch）来表示，即每英寸屏幕上的像素数量。像素

图 2-18　像素密度参数对比

密度越高，屏幕看起来就越细腻，图像和文字的边缘也会更加平滑。相比之下，低像素密度的屏幕可能会让使用者看到"像素点"，使图像看起来不够细致。

假设一款老款手机的像素密度是 150PPI，当使用者仔细看屏幕时，可能会看到一个个小方块（像素），这会让图像看起来比较粗糙。假设新型号的手机像素密度为 460PPI，由于像素非常小且密集，即使使用者凑近屏幕，也几乎看不到单独的像素点，图像看起来就会非常细腻和平滑。如图 2-18 所示是 400PPI 与 651PPI 的成像效果对比。

分辨率和像素密度虽然都与图像的清晰度有关，但它们并不是同一个概念。分辨率关注的是整个屏幕的像素总数，而像素密度则关注每英寸的像素数量。分辨率决定了屏幕上可以显示多少像素，总像素数越高，屏幕显示的内容就越清晰。像素密度决定了每英寸屏幕上有多少像素，密度越高，图像和文字看起来就越细腻。

2.2.2　界面规范

iOS 界面设计规范基本包含以下几点。

（1）栏高度

iOS 的界面中对状态栏、导航栏、标签栏有着严格的尺寸要求，遵循相关的设计规范可有效提高最终界面设计的适配度。

状态栏（Status Bars）位于界面最上方，主要用于显示当前时间、网络状态、电池电量、SIM 运营商等。导航栏（Navigation Bars）位于状态栏之下，主要用于显示当前页面标题。目前 iOS 的导航栏主要包括 88px 和 132px 两种高度。除当前页标题外，导航栏也会用于放置功能图标。左侧通常是后退跳转按钮，点击左箭头则跳转回上页，右侧通常包括针对当前内容的操作。

图 2-19　iPhone6/7/8 和 iPhone X 界面状态栏

不同型号设备的状态栏高度不同，例如 iPhone6/7/8 等非全面屏设备的状态栏高度通常为 40px 或 60px，iPhoneX 等全面屏型号的手机界面状态栏高度通常为 132px，长度为 1125px，如图 2-19 所示。

状态栏为 iOS 固定板式，可在系统设置中调节深色、浅色两种模式，如图 2-20 所示。

图 2-20　iPhone 状态栏深色与浅色模式

标签栏（Tab Bars）通常位于界面底部，也有少部分标签栏位于状态栏之下、导航栏之上。标签栏主要包括 App 的几大主要板块，通常由 3 到 5 个图标及注释文字组成。如图 2-21 所示，淘宝、猫眼和优酷 App 的标签栏，均由五个图标组成。

（2）边距和间距

在 iOS 界面设计中，边距（Margins）和间距（Spacing）是确保界面整洁、易用并且美观的重要元素。

图 2-21　淘宝、猫眼和优酷 App 标签栏

边距是指界面元素与屏幕边缘或其他元素之间的空白区域。它帮助界面看起来整洁美观，并确保用户不会因为元素过于紧凑而感到不舒服。在设计界面时，保持足够的边距可以避免内容贴近屏幕边缘，提升用户的操作舒适度。例如，iOS 建议在屏幕边缘保持至少 16pt 的边距，以确保内容不会过于靠近屏幕边缘，如图 2-22 所示。

图 2-22　iOS 界面边距

间距是指界面中不同元素之间的空白区域。在设计界面时，元素（如按钮、文本框、图标等）间的间距应保持一致。如上述图 2-21 所示的三个软件标签栏的图标，它们之间的间距需要保持一致，否则就有个别元素在视觉上非常"出挑"。在 iOS 界面设计中通常建议在同类元素之间留有至少 8~16pt 的间距，确保用户能够准确点击。

使用分隔线或边框时，也应保持其与相邻元素之间的合理间距。分隔线与内容之间的最小间距通常建议为 8pt。例如当界面设计中出现表单时，表单中的每个字段之间的间距可以设置为 16pt，有助于用户在填写表单时更加舒适地操作。过小的间距可能导致元素看起来拥挤，影响用户的操作体验，所以应尽量避免在界面设计中使用过小的间距。如图 2-23 所示，界面行距使用一致的边距和间距，帮助用户优化视觉感受和操作体验。

（3）界面布局

根据 App 的定位及每个页面信息内容的复杂程度不同，界面设计的版式及布局方式也有所区别，UI 设计中常用的布局方式主要包括无框式布局、卡片式布局、列表式布局三类。

❶ 无框式布局

以图片为主体，通常图片尺寸较大且形状规整，借图片的块面自然地对版式进行划分，起到了规范画面结构的作用。如图 2-24 的界面排版，整体界面呈现的元素较少，突出 App 的主要内容，视觉重点放在图片上，让用户可以快速定位。

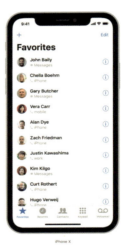

图 2-23　iOS 系统界面中使用一致间距

图 2-24　无边框式布局

当 App 整体界面中所呈现的积累元素层级重复、类别统一、内容规律时，也非常适合使用无框式布局。无框式布局取消了传统界面中常见的边框和分隔线，采用更简洁的设计元素。这种风格减少了视觉上的干扰，使得用户能够更专注于内容本身。由于无框式布局不依赖于固定的边框或分隔线，设计师可以更灵活地排列界面中的内容。这种灵活性使得布局能够更好地适应不同尺寸和分辨率的屏幕。

❷ 卡片式布局

每张卡片代表一个独立的信息单元或功能模块，卡片可以包含图片、标题、文本、按钮等元素。这种模块化的设计让用户能够快速识别和访问不同的信息或功能。如图 2-25 所示，iOS 系统下的交管 12123 App 界面使用卡片式布局，将图标和文字信息进行整齐区分，方便用户高效操作。

❸ 列表式布局

列表式布局常见于短信息较多的情况，其可有效利用页面空间，将信息更多地展示于页面中并做好清晰的分类。常见的社交类 App，例如微信、QQ，还有手机中自带的通讯录、通话记录、短信等页面都经常使用此类布局。如图 2-26 iOS 聊天界面所示，界面使用列表式布局进行排版设计，这样可以更好将聊天对象、对象姓名或主题、信息、时间等进行罗列，用户可以快速选择对应的区域进行聊天。

图 2-25　交管 12123 App 卡片式布局

图 2-26　iOS 聊天信息界面设计

（4）图标属性

iOS 系统对应用图标有着严格的设计和技术要求，以确保图标在不同设备和显示场景中都能保持一致的视觉效果。应用程序图标包括多种尺寸的图标，分别适用于不同的设备和场景，如主屏幕、通知中心、设置等。iOS 系统对图标的大小尺寸有明确的要求，通常使用 PNG 格式。以下是图标的尺寸大小参考，如图 2-27 和图 2-28 所示。

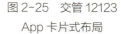
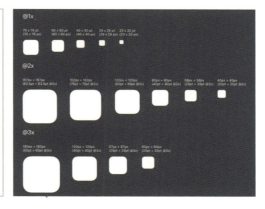

图 2-27　苹果系列产品图标尺寸

图 2-28　苹果系列产品图标尺寸示例

（5）文字规范

iOS 中英文字体使用的是 San Francisco（SF）（图 2-29）和 New York（NY）（图 2-30），中文字体使用的是 Ping Fang SC 苹方黑体。San Francisco（SF）是一个无衬线类型的字体，与用户界面的视觉清晰度相匹配，使用此字体的文字信息清晰易懂；New York（NY）是一种衬线字体，旨在补充 SF 字体。

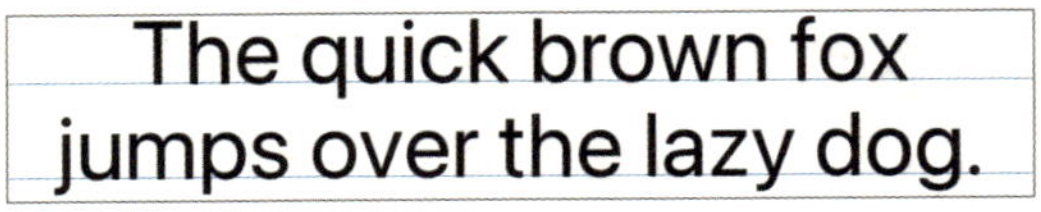

图 2-29　San Francisco（SF）字体 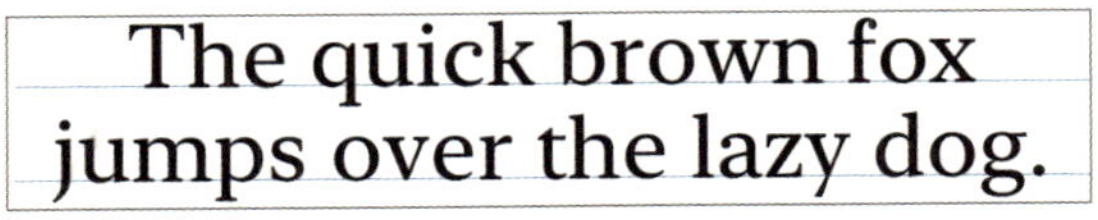　　　　图 2-30　New York（NY）字体

在 iOS 中用户可自行选择文本大小，从而提高文本的灵活性。默认字体字号为大号，相关数值参看图 2-31。另外还有小号、加小号、加大号、加加大号和加加加大号。

样式	粗细	字号（点）	行距（点）
大标题	常规体	34	41
标题 1	常规体	28	34
标题 2	常规体	22	28
标题 3	常规体	20	25
摘要	中粗体	17	22
正文	常规体	17	22
标注	常规体	16	21
副标题	常规体	15	20
脚注	常规体	13	18
说明 1	常规体	12	16
说明 2	常规体	11	13

图 2-31　iOS 界面设计规范默认字体字号

遵循 iOS 界面规范，能够确保应用在不同设备和场景中保持一致的用户体验和视觉效果。通过合理设计和优化界面，提升应用的专业性和用户满意度。

总结回顾　本章主要讨论了 App UI 界面设计的原则和 iOS 系统界面设计规范，包括相关设计原则与规范详细解析。本章强调了遵循这些设计原则和规范的重要性，以确保在不同设备和场景中提供一致的用户体验和视觉效果。

课后实践　选择一个你感兴趣的领域的 iOS 应用，如健康、教育、娱乐或社交等，分析和研究其设计原则，并进行分享。

App UI 设计元素构成

3

App UI 由很多设计元素构成，比如图标、按钮等，虽然每种设计元素在页面中都是很小的组成部分，但会对最终 App 效果产生直接的影响。好的元素构成能够确保用户界面设计直观易用，确保用户操作流畅，满足用户需求。

| 学习目标 |

1. 掌握 App UI 视觉设计基础
2. 掌握 App UI 设计元素设计法则
3. 熟悉 App UI 设计元素制作方法

3.1 文字元素

在 UI 设计中，文字是传达信息、指导用户操作的核心部分，在 UI 设计中起着关键作用，是信息传达的核心载体。无论是应用程序的标题、按钮上的标签，还是内容区域中的说明文本，文字都是用户与界面之间进行交互的主要方式之一，也是传递信息、引导用户操作、建立品牌形象和增强用户体验的重要工具。通过清晰、简洁、一致的文字设计，可以显著提升用户界面的可用性和美观度。

3.1.1 文字基础要素

文字基础要素主要有字体类型、字号、字重、字符间距和行间距。

（1）字体类型

字体类型在很大程度上决定了文字的视觉风格。在数字界面中，常见的字体类型分为无衬线体和衬线体。

无衬线体是指字体线条简洁，没有装饰性的衬线的字体。无衬线体由于其简洁、现代的设计在移动端和网页界面中得到了广泛的应用，为移动端和网页界面提供了清晰的视觉效果。常用的有 Arial（图 3-1）、Helvetica、Roboto 等。

Arial (常规体)
Arial Bold (粗体)
Arial Black (超粗体)

图 3-1 Arial 字体

无衬线体字体去除了字母笔画末端的装饰性线条（衬线），这使得字体的线条更加简洁流畅。如图 3-2 的 Apple Watch 中的 San Francisco 就是无衬线体。它是苹果公司专门为 iOS 系统设计的，具有良好的可读性和识别性。该字体的设计充分考虑了不同屏幕尺寸的适应性，使用在小屏幕中也不会显得拥挤或模糊，比如像 Apple Watch 的屏幕中，字体间距将会进行放大，尤其是“a”或者“e”等字母将会显得更大，以确保用户在使用时不会产生差错。

图 3-2 Apple Watch 中的无衬线体 San Francisco

在以中文为主文字的界面中，也会使用无衬线体以减少视觉干扰。例如图 3-3 的国

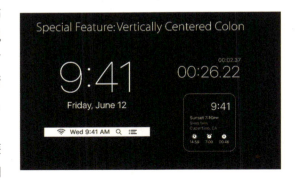

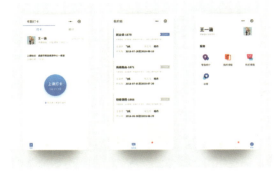

图 3-3 国科考勤小程序案例

科考勤小程序案例，在手机屏幕上，无衬线体可以有效减少视觉干扰，让用户快速识别文字信息。

对于需要长时间阅读的内容，清晰的无衬线体可以有效减轻视觉疲劳，因此很多小说阅读类界面文本通常使用无衬线体来进行展示（图 3-4）。设计师需要重点考虑的是如何让读者在看电子书的过程中感到舒适，涉及到字体的类型、颜色、排版、行距等多个方面。

无衬线体的优势还在于在低分辨率和高分辨率的屏幕上都能保持良好的可读性。随着屏幕分辨率的提高，无衬线体的清晰度和可读性优势更加明显。在低分辨率的屏幕上，衬线体的细节容易模糊，导致文字不易辨识，而无衬线体由于结构简单，即使在较低分辨率下也能保持文字的清晰度。

因为无衬线体的现代、简洁和中性的视觉感受，在使用上也被大部分现代工具产品所青睐。如图 3-5 的 Pixso 软件的 Freelanceer Dashboard UI 设计使用简单的无衬线体进行排版设计，同时将界面进行大量的留白设计，给用户简洁和专业的视觉体验。

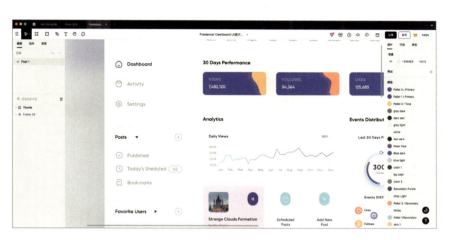

图 3-4　微信阅读界面设计　　　图 3-5　Pixso 软件的 Freelanceer Dashboard UI 设计

无衬线体不仅适用于正文文本和排版，还广泛应用于界面的其他元素。例如标题、按钮、导航栏、菜单栏等。在这些界面元素中，字体的可读性和清晰度尤为重要。例如在图 3-6 的 App Store 软件的 UI 排版上，无衬线体可以帮助用户快速理解并且做出交互操作。

与无衬线体不同，衬线体的设计特点是在字母的笔画末端增加了装饰性线条（即衬线）。这些衬线通常为水平或斜向的短线，增

图 3-6　App Store 软件的 UI 排版

强了字体的整体视觉稳定性和连贯性。如图3-7的衬线体与无衬线体对比，对比最明显的地方在于笔画末端是否有装饰性线条。从直观的效果看，衬线体显得更有仪式感且更复杂。

衬线体通常用于印刷品或大标题，以提升文本的权威感和正式感。如 Times New Roman、Georgia 等。这类字体在数字界面中的使用有一定的限制，但随着现在的高分辨率数字屏幕得到广泛普及，它们在 UI 设计中应用变得可行。例如 Georgia 字体，特点为精小简美，看起来很优雅，可读性十分优良。它采用"不齐线数字"特色，其数字会像西文字母般有高矮大小之别，作为衬线体却也有着易于阅读的特点，同样适合在篇幅较长的文章中使用（图3-8）。

对于 App UI 设计来说，字体的设计并不多见，更多的是选择哪种字体。在这个选择的过程中，建议首先根据 App 主题类型选用合适的字体类型。如果该产品涉及到大量的文字排版，那么首选无衬线字体或者易于阅读的衬线体来进行设计，它可以减轻 UI 界面的视觉负担。当 App 产品的文字板块较少，留白较多时，特别是涉及到一些更个性的 App 产品，建议适当选用衬线字体进行排版设计。比如图3-9作品中文字信息较少，将 App 产品的标题用衬线英文字体进行展示反而能够突出界面风格与个性。

（2）字号

在设计移动应用界面时，字号的不同会影响界面的可读性与层次感。通过合理的字体大小设定，我们可以在界面中建立清晰的层次感。图3-10所示是常见的 App UI 设计中不同字号大小的对比。标题字和正文字是

图3-7　衬线体与无衬线体对比

121345678900 Pellentesque habitant morbi

图3-8　Georgia 字体

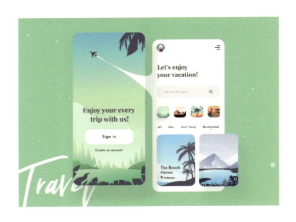

图3-9　UI 界面中的衬线英文字体

样式	字号	使用场景/用途
标准字	36px	用于少数重要标题 如：导航栏标题、分类名称等
标准字	30px	用于一些较为重要的文字或操作按钮 如：首页模块名称等
标准字	28px	用于大多数文字 如：正文标题、商品名称等
标准字	24px	用于大多数文字 如：正文内容描述、小标题等
标准字	22px	用于辅助性文字 如：底部导航栏标题、菜单栏标题、次要副标题等
标准字	20px	用于辅助文字 如：日期时间等

图3-10　常见的 UI 设计不同字号对比

我们需要留意和规范字号的两个部分。

标题字通常用于展示页面或内容的核心信息，因此需要在视觉上显得突出和醒目。在 iOS 系统中，标题的默认大小通常为 34～36pt，主要用于展示最重要的内容。例如页面的标题、模块名称或关键提示。如图 3-11 所示，菜品的标题使用较大的字体，让用户接触这个页面时可以优先接收到标题信息。

图 3-11　设计师作品案例

新闻标题通常使用较大字体，以便用户快速浏览内容。在 iOS 中，一个新闻标题会使用 34pt 的字体，有效区分开正文部分（图 3-12）。

正文字常用于传达正文部分的主要信息，在 iOS 和 Android 系统中，正文字号通常在 14～16pt 之间，既能保证文字的可读性，又能合理利用屏幕空间（图 3-13）。

在 Android 系统中，16sp 被认为是正文字的最佳选择。与 iOS 中的 pt 单位不同，Android 采用的是 sp 作为字体大小的单位，以适应不同分辨率和用户设置的字体缩放比例。这意味着无论用户使用的是小屏幕手机还是大屏幕平板，16sp 的字体大小都能确保文本的可读性。如图 3-14 所示的 Android12 界面。

图 3-12　凤凰新闻 App

图 3-13　正文字号

图 3-14　Android12 界面

字号的大小是怎么影响界面的层次感的呢？生活中，当我们看到同样的东西但是由不同尺寸进行展现时，我们的视觉焦点会不由自主地关注到更大尺寸的部分，所以在App UI 设计中，我们常通过不同的字体大小变化在界面中有效区分层级信息，使用主次分明的布局去引导用户的视线从重要到次要的内容。如图3-15 某电商App 的购物车界面设计，其使用较大的字体来阐述购买产品的基本信息，随后使用较小的字体进一步说明产品的相关信息。

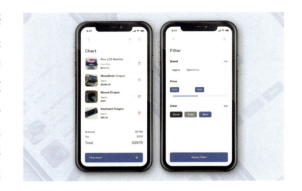

图3-15　某电商App 的购物车界面设计

再如图3-16 中，阿里云盘的界面优化作品中有意识地将文字大小进行区分，让信息得到规划，帮助用户进行数据整理归纳。

要善于使用字体大小的变化来进行界面的创新，但是需要注意的是要避免字体大小有较大的落差。如果不同文本元素之间的字体大小差距过大，界面看起来可能会显得不平衡或混乱，过大的字体落差可能会让用户在浏览界面时感到不适，例如在滚动阅读时，用户需要频繁调整视线，或者在信息切换时感到突兀，这会增加使用者的疲劳感。因此，在设计时应精细调整字体大小，确保不同文本元素之间的比例合理，从而为用户提供更舒适、流畅的阅读和操作体验。

图3-16　阿里云盘的界面优化作品

（3）字重

字重是指字体的粗细程度。在字体设计中，同一字体家族会提供不同的字重，以便在不同的设计场合和需求下使用。字重通常用来表达文本的视觉重点和层次感，它可以帮助设计师控制文本的突出程度和美观性。

字重通常从超细到超粗有多个不同的级别，设计师可以根据具体需求选择合适的字重。常见的字重包括超细、细体、常规、中等、半粗体、粗体和超粗等。图3-17 为

字重		缩写
超细	HelveticaNeueLTPro-Ultra Light	-UltLt
瘦体	HelveticaNeueLTPro-Thin	-Th
细体	HelveticaNeueLTPro-Light	-Lt
常规	HelveticaNeueLTPro-Roman	-Roman
中等	HelveticaNeueLTPro-Medium	-Md
粗体	**HelveticaNeueLTPro-Bold**	-Bd
中黑	**HelveticaNeueLTPro-Heavy**	-Hv
黑体	**HelveticaNeueLTPro-Black**	-Blk

图3-17　HelveticaNeueLTPro 字体的字重等级

HelveticaNeueLTPro 字体的字重等级，可以看到同样字体下不同字重中字体的粗细程度。

粗体字主要用于强调重要信息，通过增加自重，设计师能够引导用户的注意力到特定区域或内容上，常运用在按钮文字或者关键字中。如图 3-18 所示，设计师将标题、关键词以及按钮里的字体进行了加粗，帮助用户进行识别。

图 3-18　粗体字的使用

常规字通常用于正文和一般性信息展示，其字重适中，不会对用户造成视觉负担。在 UI 设计中，Regular 字重是最常用的字重之一，适用于大量文本内容的显示，例如文章正文、说明文字等。如图 3-19 所示的备忘录 UI 设计作品，设计师将标题进行加粗，而文本信息采用的是常规字，界面的信息主次就得到了较好的区分。

图 3-19　备忘录 App UI 设计作品中的常规字

在选择字重时，设计师需要考虑到用户体验的整体感受。过轻的字体可能会导致信息难以辨识，尤其是在小屏幕或低对比度环境下；而过重的字体则可能造成视觉疲劳，尤其是在长时间阅读或大量文本展示时。因此，合理的字重应当在确保信息清晰度的同时，避免对用户造成过大的视觉负担。

（4）字符间距

字符间距是指两个字符之间的水平距离。在标准的字体排版中，字符之间的距离是均匀的，这种间距被称为字距。在 UI 设计中，字符间距的调整不仅能够改变文字的紧凑程度，还可以优化用户的阅读体验。根据具体的设计需求，设计师可以选择紧凑间距或宽松间距来达到不同的视觉效果和功能性。

紧凑间距是指字符之间的空隙较小，文字看起来更加紧密排列。它通常用于大标题或需要增强视觉冲击力的文本内容。同时，前文提到设计师在进行界面设计中大标题通常会选用较大的字体和加粗字体。因此从视觉效果上来看，也会让大标题的字符之间的空隙减小，呈现出一种紧密排列的视觉效果。如图 3-20 所示，设计师将"Game Elements"进行了加大加粗，同时也减少了文字的字符间距，因此对比同一页面的其他板块的文字，确保用户的注意力可以立即集中在标题上。紧密排列的文字让标题更加突出，产生更强的视觉吸引力。

宽松间距是指字符之间的空隙较大，文字看起来更加疏松排列。它通常用于小尺寸的文字或较长的段落，以提升阅读的舒适度和可读性。如图 3-21 所示的支付宝长辈模式页面设计是针对老年用户特别设计的适老化 UI 界面，设计师多增加了字符之间的空隙，这样的设计有助于用户快速识别和点击菜单项，避免因字符过于紧密而造成操作失误。特别是在小屏幕设备上，在一定程度上更好地帮助老年用户适应 App，减少他们的视觉疲劳。

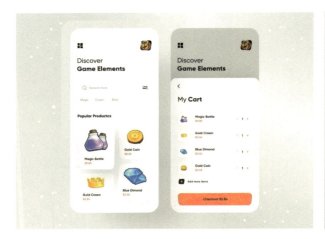
图 3-20　标题的加大适当减少字间距

图 3-21　支付宝长辈模式页面设计

尽管调整字符间距能够带来许多好处，但不当的间距设置也可能引发一些负面效果。过紧的字符间距可能导致文字难以辨识，尤其是在小尺寸或复杂的背景下，例如界面有比较花哨的图片或者较复杂的图标组时，用户可能需要额外精力去解读文字，从而增加了使用负担。过宽的字符间距则可能使文本显得松散、缺乏凝聚力，让用户难以保持阅读的连续性，导致信息的中断。合理的字符间距设置不仅可以优化信息的传达，还能够提升界面的美观性和专业性。

（5）行间距

行间距是指一行文字的基线到下一行文字基线之间的垂直距离，它直接影响到文本的可读性和视觉美观性。行间距的调整可以改变文本的紧凑度、阅读体验以及整体的视觉风格。根据具体的设计需求，设计师可以选择小行间距或大行间距来达到不同的视觉效果和用户体验。

小行间距指行与行之间的距离较小，使文本看起来更加紧凑。它通常用于短句、大标题或需要增强视觉冲击力的文字部分。而大行距适用于长段落和正文，以增强阅读的舒适度。通常在 iOS 中的正文行间距设置为 1.5 倍字体大小，这样的行距可以让用户在阅读文本的时候更加轻松。

设计师在进行行间距调整时，更多地是根据页面的信息来进行个性化的调整，因为在页面中除了文字元素，还会涉及到图标、图片等元素。因为设计师往往需要考虑到行间距与其他元素的搭配是否和谐，不突兀。如图 3-22 所示，设计师在设计音乐 App 界面时需要考虑到多种元素的搭配，选定适当的行间距，让专辑光盘图片与下面的歌曲名称、歌词可以很好地搭配起来。

图 3-22 音乐类 App UI 界面中使用的合理行间距

另外，设计师在进行 UI 设计时也需要注意行间距的落差大小。如果不同部分的文本之间行间距差异显著，可能会影响界面信息的可读性和整体视觉效果，产生视觉不一致、信息层次混乱、阅读体验不佳或信息传达效率降低等问题。例如在一个电商应用中，如果产品名称的行间距过小，而价格和描述的行间距过大，用户可能感到产品信息不够集中，影响快速决策。

综合这些文字基础要素，设计师可以通过合理的字体、字号、字重、间距的选择与调整，创造出既美观又实用的 UI 界面，这些要素的相互搭配和协调，是提升用户体验、增强信息传达效率的关键所在。

3.1.2 字体使用原则

（1）保持简洁

在 App 的 UI 界面中，尽量限制使用字体类型的数量，一般使用 1 到 2 种字体即可。过多的字体样式会让界面显得杂乱无章，影响用户的注意力。特别是当文本内容过多时，需要进行字体组合，常见的方法是使用一种字体用于标题，另一种用于正文。如图 3-23 所示，夸克网盘主界面设计中，信息类文字使用主要有 2 种，除了统一的正文部分，还有经过设计的标题字体。在布局上，字体分布均匀、简洁且规律，让整体界面视觉清晰易读。

（2）风格统一

字体风格应该与 App 产品主题和整体设计风格保持一致。例如设计师在设计科技感强的 App UI 界面时，会选择简洁现代的字体，而在文化类的应用中，则可能选择更具装饰性的字体来匹配主题。

（3）注重可读性

这里需要关注到字体的变化，适当的字重和合理的字体大小。根

图 3-23 夸克网盘 UI 界面设计案例

据内容的重要性，选择合适的字重，注意避免字重落差。字体的大小应根据内容和显示设备进行调整。在移动端设备上，通常正文字体大小在 14pt 到 16pt 之间较为合适。如图 3-24 所示，天气类 App UI 设计中，将最重要的温度显示放在画面的视觉中心位置，并且将字体进行加粗和放大，同时将其他相关性信息的字体进行处理，整体的字体落差和字体大小处理合理，增强了用户的可读性。

图 3-24　天气类 App UI 界面设计案例

（4）考虑用户的多样性

随着数字技术的发展，越来越多的 App 产品考虑到用户的多样性问题。在硬件技术的支持下，App 产品允许用户根据个人偏好进行个性化界面调整，其中会涉及到字体相关的各个方面。提供自定义功能能够有效地覆盖不同用户。因此在设计或选择字体时需要具有可持续发展的设想，构思哪些页面板块需要保持固定的字体风格和大小比例，哪些部分可以根据用户的设置动态调整，找到字体变化的平衡。

图 3-25　QQ 音乐 App 界面设计不同版本对比

以图 3-25 举例，QQ 音乐 App 的会员可以自定义音乐播放界面，以下展示的是两个版本，左图属于常规的音乐歌词滚动式播放界面，右图是用户自定义选择播放器样式。在沉浸式的界面环境中，不同类型的字体往往会带来不同的心理感受，通过对用户个性化需求的考虑，提供不同字体的界面选择，可以带来更好的使用体验。

3.2　图标元素

在 UI 界面设计中，图标元素是一个非常重要的组成部分。图标不仅能够传达信息，还可以提高界面的可用性和美观度。接下来将深入探讨图标元素的各个方面，包括图标分类、图标风格以及图标设计流程。

3.2.1　图标分类

App UI 界面中的图标基本分为 3 种主要类型，分别是功能性图标、指示性图标和装饰性图标。图标的设计需要基于图标惯性思维，即用户在使用数字界面时，对某些图标所代表的功能或意义形成的固有认知或预期。这种惯性思维基于用户过往的使用经验和行业的设计规范，当用户在看到某个图标时，能够立即理解，无需额外的学习或解释。

（1）功能性图标

功能性图标是最常见的一类图标，它们直接与应用程序的核心功能相关联，帮助用户快速完成任务。这些图标往往具有高度的辨识度和实用性，能够直观地引导用户进行操作。就像游客在景区寻找厕所，对于厕所标识的惯性思维会影响着游客，在看到这个基础图标时可以迅速做出判断。

功能性图标是如何利用惯性思维的呢？举个例子，在大多数的 App 产品中，放大镜图标被广泛用于表示搜索功能，而这个思维的形成，来源于放大镜物品本身的产品属性，即可以帮助人们放大不方便观看的部分。如今随着智能手机的普及，这种通用的象征，已经成为搜索功能的代名词，用户在看到这个图标时能够立即理解其用途。如图 3-26 所示，以典型的放大镜造型（右图）为基础，设计师可以根据 App 产品主题和页面内容进

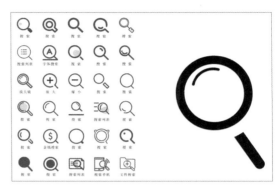

图 3-26　放大镜主题图标组

行适当的造型调整，但都需要保证其识别性，很多功能性图标都遵循了这种"在物理世界的适应到数字世界的识别"的路径与原理。

目前，在相关的原型设计工具软件如即时设计、Adobe XD 等中都有常规的功能性图标组件来帮助设计师完成基础设计。如图 3-27 所示，这些图标组件极大方便设计师进行设计，并且这些功能性图标具有高识别性和实用性，也可以帮助用户快速进行理解。

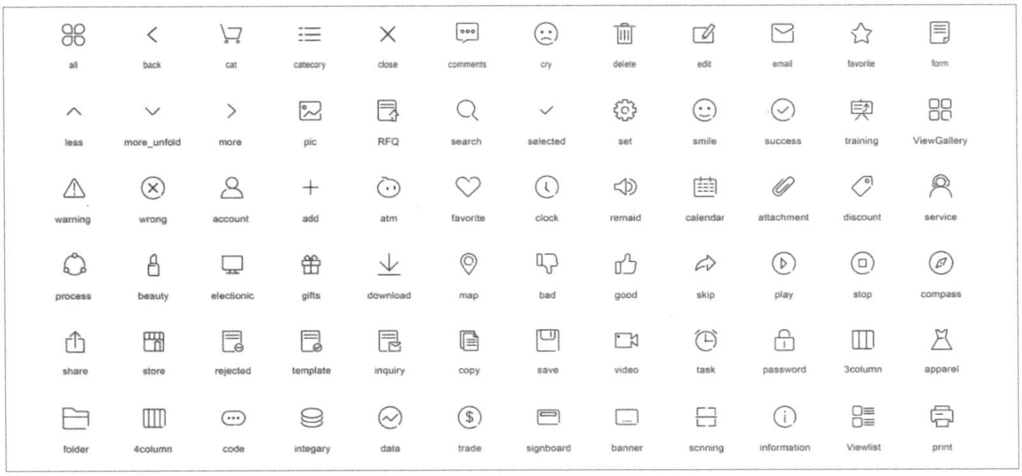

图 3-27　软件中所提供的功能性图标

（2）指示性图标

指示性图标主要用于提供引导、反馈或状态提示。它们通过视觉信号帮助用户理解当前界面的状态或指导用户进行操作。这类图标不需要复杂的图形装饰，遵循简洁明了的设计原则，并且能够快速传达信息即可。

指示性图标还有一个关键的信息是需要给用户传递出结果，可以理解为这个按钮点击后会产生何种结果，或者是用户看到这个按钮可以快速了解到当前操作结果。例如常见的返回箭头按钮、成功/失败指示按钮等。如图 3-28 所示，设计师在进行音乐播放器界面设计时，上一首、下一首、暂停等图标称为指示性图标，当用户点击这些图标时，会产生出对应的操作结果。另外，指示性图标也需要参考用户的图标惯性思维，当用户想要跳转到上一首歌曲时，可以迅速反应"上一首"的按钮在哪个区域。

图 3-28　音乐播放器界面

还有一些指示性图标会放置在界面的视觉中心，充当传递操作结果的角色。如图 3-29 所示，支付失败使用卡片断裂的图标表示，将该图标放置在视觉中心，让用户可以快速理解当前的操作结果。

（3）装饰性图标

装饰性图标主要用于提升界面的美观度和品牌识别度。尽管它们不直接与某个功能相关，但装饰性图标可以帮助塑造品牌形象，并增加界面的视觉吸引力。这往往是设计师根据 App 产品主题进行创作，设计出符合产品的图标组。常见的装饰性图标主要用于导航栏，例如个性化的 App 产品有特别的功能模块，则可以为其专门设计一套图标。

图 3-29　支付失败界面设计

如图 3-30 的腾讯视频会员更换鬼灭之刃模版后的导航栏图标，设计师根据该主题进行了装饰性设计，但这些装饰图案不直接与某个功能相关，用户需要借助图标下面的文字进一步理解。

不同类型的图标在不同场景中的合理使用，有助于引导用户操作、传达关键信息，并强化品牌形

图 3-30　腾讯视频会员的
鬼灭之刃模版界面

象。合理使用不同类型的图标不仅能引导用户顺畅操作，提升应用的可用性，还能通过视觉符号传达关键信息，减少用户认知负担。此外，图标作为品牌形象的一部分，通过一致性的设计，可以增强品牌的识别度和用户的忠诚度。因此，在 UI 设计中，图标的选择应当结合功能性、美观性和品牌性，达到最佳的用户体验和品牌表达效果。

3.2.2 图标风格

图标风格能够有效地传递出 App 产品的情感和态度，使 App 产品更具有个性，使界面更具吸引力和易用性。设计师在确定图标风格前首先需要阅读产品的相关信息，深入了解 App 产品的宗旨和亮点，还需要考虑界面的其他元素，例如文字类型、图片类型、尺寸比例等，最终选定适宜的图标风格。以下是 3 种常见的图标风格。

（1）扁平风格

扁平风格是 App UI 设计中最流行的图标风格之一，其特点是采用简单的几何图形和较少的色块填充，完全摒弃了复杂的阴影、渐变和纹理效果，追求极简的视觉效果。

这种风格在小尺寸的数字屏幕上很受欢迎，因为它不仅让界面看起来干净整洁，还能减少视觉负担。如图 3-31 所示，设计师使用了三种颜色进行创作，整体采用简单的几何图形进行设计，画面简单明了，这样的图标设计即使在很小尺寸的数字屏幕上也能具有很高的可读性。

说到扁平化的发展，不得不提苹果公司的图标更新。20 世纪 80 年代，拟物化图标在苹果商用的图形用户界面中被诠释的淋漓尽致——它们与现实世界的物品非常相似，在 iOS6 之前的版本，拟物化图标在视觉上每一处的纹理、阴影、质感都经过精心设计，达到了前所未有的高度。但随着界面的发展，基础应用对图标的认知已经不需要刻意与现实世界对标，用户需要聚焦信息而非装饰。2013 年，苹果发布了基于扁平化风格设计的操作系统 iOS 7，新的设计去除了之前的拟物化纹理和质感，将细致的效果和功能图融为一体，界面变得更简洁（图 3-32）。

图 3-31　扁平化风格图标

图 3-32　iOS 7 图标设计

（2）拟物风格

如上文中所提，拟物风格通过模仿现实生活中的物体，使用阴影、渐变和纹理等元素来增强图标的立体感和现实感。这种风格在早期的 iOS 设计中非常流行，目的是让数字化的界面看起来更具亲和力和可操作性，帮助用户在与虚拟世界交互时感觉更加自然。如图 3-33 所示是扁平风格与拟物风格对比。

在整个行业都在做扁平化设计时，iOS14 再次迎来图标改革，重新将"拟物化""贴近真实"的图标设计带回用户视野。如图 3-34 所示的 iOS 14 的拟物风格图标，这些图标比早期版本的 iOS 图标显得更真实和立体。

拟物风格图标的回归也与数字技术的发展有着密切的联系，当系统技术不断革新，屏幕的分辨率也在不断地提高。拟物风格的图标虽然较为复杂，但是在高分辨率的屏幕上能够展现出更为细腻和逼真的效果。此外，随着设备性能的提升，处理复杂图形和高分辨率图像的能力也大幅增强，设计师可以在不牺牲流畅度的情况下使用更复杂的拟物风格图标。例如在一些游戏类 App 的图标中，拟物风格图标更能给用户传递出产品的氛围，因此拟物风格图标在游戏类 App 的 UI 设计中很受欢迎（图 3-35）。

图 3-33　扁平风格与拟物风格对比

图 3-34　iOS 14 的拟物风格图标

图 3-35　游戏类 App 的拟物风格图标

（3）线条风格

这是一种以细线勾勒出图标轮廓的设计风格，通常不使用填充色。这种风格清晰简约，适合用于轻量级设计中，并且在多种背景色下都能清晰展示。线条风格图标的优势在于其灵活性和通用性，尤其适合信息量较大但又不想增加视觉负担的界面。

当画面背景具有多种颜色或者画面比较复杂时，可以考虑使用线条风格的图标设计来减轻画面的元素负担。如图 3-36 所示，背景使用了深色且有渐变的效果，同时画面还出现大块亮色的元素。考虑到画面的平衡，设计师在进行左边菜单栏的图标设计时采用了线条风格，减轻了画面的负担，同时还可以将重点文本信息集中在中间，帮助用户理解界面信息。

此外，在常见的原型设计工具软件里可以免费使用的图标组件，考虑到大众需求和接受度，图标组件基本为线条风格的图标组，方便设计师选用。如图 3-37 所示，由于线条风格图标以简洁的轮廓和少量的细节为特点，它们在各种背景和尺寸下都能保持良好的可读性和辨识度。无论是在浅色还是深色的背景上，线条风格图案都能清晰展示，减少设计局限性，并且线条风格的图标易于修改和定制,在软件的图标组件可以自行修订大小、颜色和线条粗细,以适应不同的设计需求。

图 3-36　设计师设计案例

图 3-37　墨刀界面图标组件

总的来说,不同风格的图标能够塑造界面的整体视觉体验和功能表现,设计师应根据界面的整体设计风格、用户需求和技术限制选择合适的图标风格,确保界面的美观性、可用性以及品牌一致性。

3.2.3　图标设计流程

如图 3-38 所示,图标的设计流程需要经过几个关键的步骤,这直接关系到用户体验和界面美观度。

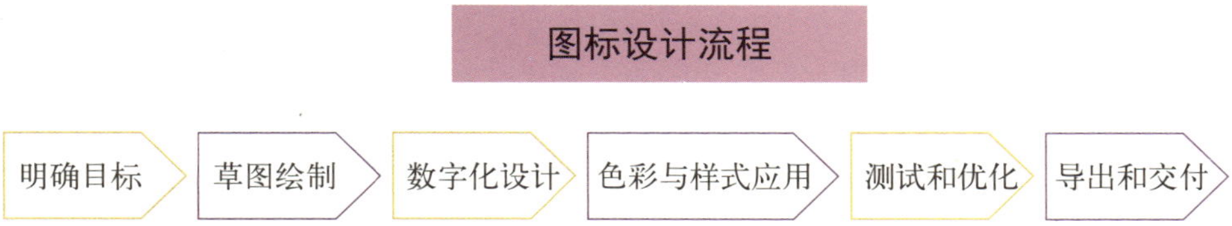

图 3-38　图标设计的关键步骤

(1) 明确目标

设计师需要深入了解图标的用途、目标用户、应用场景,以及图标需求传达的信息。例如,设计一个用于生态环保的图标,图标需要明确传达"自然"的概念,并且目标用户可能来自于不同年龄段的人,因此设计风格需要通俗易懂。需求分析阶段还需要考虑图标在不同平台上的表现,确保一致性和可用性。

(2) 草图绘制

在明确需求后,设计师通常会开始手绘草图,这是一个具有创造性和探索性的过程。通过手绘，设计师可以快速试验多种设计方向和风格，探索不同的形状和概念。如图 3-39 所示，设计师确定了需要绘制一个"环保"图标，那该如何表达这个词？也许"鸟"结合"圆形"是个不错的想法。草图可以结合两者的造型概念来作为基础造型，多做尝试，最后选择较为合适和满意的进行下一步。这个阶段是一个低成本、快速迭代的阶段，也是设计创意的最初阶段。

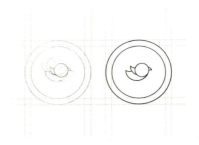

图 3-39　图标草图

（3）数字化设计

一旦确定了草图，设计师会使用专业设计软件如 Adobe Illustrator、Figma 或 Sketch，将手绘草图转化为高质量的矢量图标。在这一阶段，设计师需要精确处理图标的比例、对齐方式、线条粗细等细节问题，我们常常先去绘制"图标盒子"去规范图标，即使用"图标约束网格"来帮助设计师在创建图标时保持规范与统一，如图 3-40 所示。常用的图标盒子为 48×48 像素，通常用 1px、2px、3px 的线条粗细。

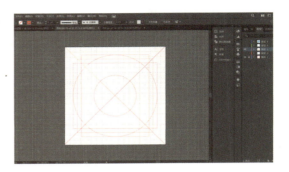

图 3-40　使用 Adobe Illustrator 绘制图标盒子

（4）色彩与样式应用

确定图标的基本形状后，设计师会应用色彩和样式，这一步骤需要考虑品牌色彩方案、图标在不同背景下的可见性以及系统的设计指南。例如，iOS 系统提倡使用简单的色块和渐变，而 Android 的 Material Design

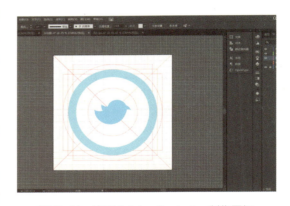

图 3-41　使用 Adobe Illustrator 制作图标

更偏向于运用柔和的阴影和层次。设计师还需要测试图标在深色模式和浅色模式下的显示效果，以确保图标在两种模式下都具备良好的可见性（图 3-41）。

（5）测试和优化

设计完成后，图标需要在实际应用场景中进行测试。这一步骤非常重要，因为图标的显示效果会因设备、分辨率、屏幕尺寸的不同而有所差异。这一步需要进行不断的测试和优化，必要时还需要目标用户来进行可行性测试，将图标进行优化到最佳使用阶段。

（6）导出和交付

在最终定稿后，设计师需要根据不同平台的要求导出图标文件。不同平台对图标的尺寸、格式和分辨率有不同的规范。例如，iOS 应用程序图标通常需要提供@1×（一倍图）、@2×（二倍图）、@3×（三倍图）三个不同尺寸的 PNG 文件，以适应不同分辨率的设备；而 Android 则要求提供多个不同分辨率的图标文件，如 mdpi（48×48 像素）、hdpi（72×72 像素）、xhdpi（96×96 像素）等。此外，设计师还需要考虑不同平台对图标形状的要求，如 Android 的圆角矩形图标和 iOS 的圆角方形图标之间的差异（图3-42）。最后，设计师需要将这些文件整理好，确保开发团队能够轻松将其集成到应用中。

图 3-42　Android 圆角矩形图标和 iOS 的圆角方形图标对比

通过对图标的分类、风格选择和设计流程的严谨把控，设计师能够创建出不仅美观而且功能性强的图标，确保图标在不同设备和应用场景下都能表现良好，同时增强用户体验并支持品牌的视觉形象，为用户提供一个直观、易用且具有视觉吸引力的界面。

3.3　图片元素

图片作为 UI 页面中的重要组成部分，图片往往比文本信息有着天然的吸引力，无论是纸质版平台媒介还是在移动端屏幕上，图片总是能够在瞬间抓住用户的注意力，传达情感或信息，甚至在无需文字说明的情况下也能表达出设计意图。因此，设计师在使用图片时，需要考虑其内容的相关性与视觉美感，确保图片不仅与整体界面风格协调一致，还能有效地支持和增强页面效果。

3.3.1　图片比例

图片比例指的是图片的宽高比，在 App UI 设计中，图片比例的选择会直接影响图片的显示效果和用户体验。合理的图片比例可以确保图片在不同设备上保持良好的适应性，避免图片被拉伸或裁剪，从而提供统一且美观的界面展示。

常见的图片比例有正方形（1∶1）、宽屏比例（16∶9）、传统比例（4∶3）以及自适应比例。每种比例在不同的使用场景中都有其独特的优势和应用（图 3-43）。

图 3-43　常见图片比例对比图

（1）正方形比例

即1∶1比例的图片，指图片的宽度和高度相等。正方形比例具有对称性和平衡感，广泛应用于各种场景，尤其是在头像、图标、产品展示等需要保持一致视觉效果的情况下。如图3-44所示，常见的头像尺寸为正方形比例。除了头像类图片，有的App也会使用正方形图片进行排

图3-44　正方形比例头像案例

版，比较常见的有淘宝在用户查阅搜索商品时采用正方形比例（图3-45）展示。

（2）宽屏比例

宽屏比例，即16∶9的比例，是现代屏幕和显示器最常见的宽高比。这种比例通常用于展示横向内容，如视频封面、横幅广告和风景图片。由于16∶9比例与现代设备的屏幕比例相匹配，能够提供更广阔的视觉体验，因此在视频播放和横向内容展示中非常流行。

宽屏比例的图片运用的场景通常为视频封面、预览图、主页的横幅图片、背景图等（图3-46）。

（3）传统比例

传统比例，即4∶3比例，是早期电视和显示器的标准比例，广泛用于传统的内容展示场景。这种比例在App UI设计中，主要应用于需要详细展示内容的场景，如演示文稿、图片浏览和相片展示。而在手机移动端App界面设计中，设计师喜欢将传统比例4∶3进行90度调整，以此来满足手机竖屏的特点。调整后的4∶3比例（即3∶4比例）的图片能够在不同设备上均匀分布，适合用于需要突出内容细节的展示场景。除此之外传统比例还常用于展现多组照片，这种比例能够在大多数设备上保持良好的可读性和排版效果（图3-47）。

图3-45　淘宝App界面设计案例

图3-46　哔哩哔哩App中的16∶9视频封面

图3-47　大众点评App UI界面设计

（4）自适应比例

自适应比例是指图片能够根据屏幕尺寸或设备的变化自动调整比例，这在响应式设计中尤为重要。随着设备种类和屏幕尺寸的多样化，固定比例的图片在不同设备上可能会出现显示问题，如被拉伸、裁剪或显示不全。而自适应比例则能够动态调整图片的展示方式，确保在所有设备上都能提供最佳的视觉效果（图 3-48）。

对于 App UI 设计来说，自适应图片能够根据屏幕尺寸自动调整，确保图片始终保持正确的显示比例，是重要的设计考虑，但自适应比例设计和实现是复杂的，因为不同屏幕尺寸、设备类型和使用场景等问题，这就要求设计师需要做多次测试和优化，这就会增加开发难度。

图 3-48　App 中的自适应图片

3.3.2　图片排版

图片排版是指图片在 App UI 界面中的布局方式，不同的排版方式直接关系到用户的视觉体验和信息传达的效果。常用的排版方式有以下几种。

（1）网格布局

网格布局是将图片按照固定的行列排列，形成整齐有序的视觉效果。这种布局方式常用于展示多个图片元素，可以确保图片在界面上整齐排列，方便用户快速浏览和选择。市面上常见的电商类 App 产品多采用网格布局，例如京东、淘宝、拼多多等。我们可以将图片排列想象为超市里整齐货架上的商品陈列，每一个商品都被清晰、有序地展示出来，方便顾客快速找到自己想要的货品。如图 3-49 所示，当当网的图片排版就像书店里摆放整齐的书本，供用户选择。

图 3-49　网格布局设计

但是网格布局也存在一定的缺点，虽然网格布局整齐划一，但在长时间浏览大量商品时，用户可能会感到视觉疲劳。同时，也会限制设计的灵活性，因为网格布局的整体排版是高度一致的。因此设计师可以通过适当的视觉分隔、加入差异化元素等方式来打破单调的网格结构。

（2）卡片式布局

卡片式布局是将图片与文字或其他内容组合在一个独立的卡片中。这种布局方式不仅能够清晰地展示每一张图片，还能为图片提供相关的文字说明或操作按钮，增强用户交互的便捷性和信息的传达效率。

卡片式布局的重点是将图片和文本信息、按钮等元素进行组合，放置在一个独立的卡片里，可以帮助用户将这些信息进行组合，方便用户理解。卡片式布局可以想象为个人名片，将个人的照片、姓名、联系方式等元素经过排版通过一张纸质版的卡片进行展现。将这一思维模式运用在 UI 页面设计中，如图 3-50，将图形、温度、地点信息设计成卡片，可以让画面更简洁更舒适。

（3）瀑布流式布局

瀑布流式布局将图片按照不同的尺寸和比例自由排列，形成不规则但紧凑的视觉效果。这种布局方式常用于内容不规则的场景，能够有效地利用界面空间，并提供动态丰富的浏览体验（图 3-51）。

图 3-50　卡片式布局设计

（4）轮播图布局

轮播图布局通常用于展示多张图片或内容，以滑动或自动切换的方式展示不同的图片。这种布局方式适合用于推荐内容或展示多个主题相关的图片，能够有效地节省界面空间，同时引导用户浏览更多内容。

轮播图布局通常出现在首页，用来展现主要信息内容，以轮播图形形式进行展示，用户可以左右滑动查看不同的推荐内容（图 3-52）。

无论是在 iOS 还是 Android 平台上，图片比例和排版方式都必须考虑到设备的多样性和受众用户的浏览习惯，以确保最终的设计能够为用户提供最佳的视觉体验和信息传达效果。

图 3-51　瀑布流式布局设计　　　　图 3-52　不同类型 App 使用的轮播图布局

3.4 色彩元素

在 App UI 设计中色彩是不可或缺的重要元素,对于创建直观、吸引人且易于使用的用户界面起着关键作用。色彩能够激发情感反应。可以用来指示交互状态或导航路径,提供统一的用户体验,同时色彩是品牌视觉识别的关键元素之一。

3.4.1 色彩的基本要素

色彩的基本要素包括色相、饱和度、明度和对比度。

(1) 色相

色相是指色彩的基本属性,如红色、蓝色、绿色等。它决定了颜色的种类。色相用来定义界面的主要色调,并通过色相的选择来传达品牌的个性和情感。例如,暖色调(如红色、橙色)通常传达热情和活力,而冷色调(如蓝色、绿色)则传达冷静和稳定。如图 3-53 所示,是冷色调与暖色调的对比与区分。

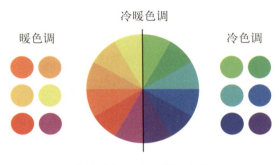

图 3-53 冷暖色调区分图

(2) 饱和度

饱和度表示颜色的纯度或强度。高饱和度的颜色显得更加鲜艳和明亮,而低饱和度的颜色则显得柔和和灰暗。饱和度影响界面的视觉层次和重点。高饱和度颜色通常用于吸引用户注意力,如按钮和提示信息;低饱和度颜色用于背景和次要元素,以减少视觉干扰,如图 3-54 所示。

(3) 明度

明度指颜色的亮度(图 3-55)。明度影响界面的对比度和可读性。通过调整明度,设计师可以确保文本与背景之间的清晰对比,提升可读性和视觉效果。

图 3-54 饱和度色环图

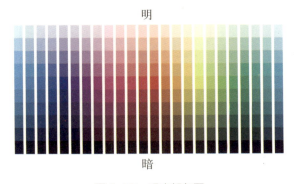

图 3-55 明度颜色图

（4）对比度

对比度是指颜色之间的差异程度。高对比度使得元素更加突出，而低对比度则使得元素更加平滑。对比度影响界面的层次感和信息传达效果。良好的对比度能够使重要信息和互动元素更加显眼，提高用户操作的准确性（图3-56）。

3.4.2 色彩配色方案

了解色彩的基本要素后，我们需要将这些基础知识应用到实践中，为 App UI 界面进行配色。在 App UI 设计中色彩有以下作用。

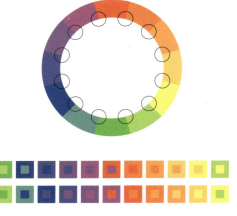

图 3-56　对比度颜色图

一是反馈信息，即通过不同的颜色给予用户信息反馈，例如第二章提到的颜色惯性，红色代表错误信息，绿色代表成功信息；二是突出层级，即通过色彩对界面的内容信息进行分层级展示，提高用户读取信息的效率；三是表明状态，通过颜色来区分某个操作页面处于何种状态，如加载中、已完成、禁用等。

App UI 设计中的色彩配色方案围绕色彩作用来进行构建。首先仍然是确定设计目标。关于品牌主色调常用的方法是根据 App 产品的性质和主题确定。例如社交媒体类的 App 产品可以选用活泼的色彩以增强互动体验，而科普类 App 产品可以选用冷色调以传达专业性。主色调在界面中往往占有较高的比例，是视觉的重心。如图 3-57 所示，网易云音乐 App 的主色调为红色，这种红色的主调不仅在引导页中大面积出现，主要图标、按钮的颜色同样也使用这种红色。

辅助色的选择常用来支持主色，提供对比和视觉层次。辅助色彩也可以用在按钮、图标和背景。如图 3-58 所示，美团外卖 App 的主色调为黄色，围绕主色展开的一系列辅助色调非常丰富，但都是在同一种维度的色域中的色彩。

图 3-57　网易云音乐 App 界面设计

图 3-58　美团外卖 App 的主色与辅助色

3 App UI 设计元素构成

入门练习里，色彩配色方案中常用的配色方案是单色配色、类似色配色、互补色配色或三原色配色（图 3-59）。

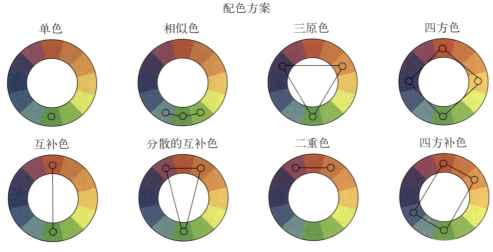

图 3-59　色彩配色方案

（1）单色配色

单色配色使用同一色相的不同明度和饱和度的色彩。它可以创造出统一和谐的视觉效果（图 3-60）。单色配色适合用于需要强调简洁性和统一性的设计，如品牌色彩的应用、某些专业或简约风格的界面。

图 3-60　单色配色设计界面

（2）类似色配色

类似色配色是使用色轮上相邻的颜色，通常包括一个主色和两个相邻的色彩。它可以创造出自然、柔和的视觉效果。如图3-61所示，设计师选择绿色系，主色为草绿色，辅助色为黄绿色、蓝绿色和深绿色，成功打造出一个仿佛置身于大自然中的田野风界面。

（3）互补色配色

互补色配色是使用色轮上对面的两种颜色进行配色，它们在色彩上可以形成强烈的视觉冲击力，进而突出重要元素或信息。如图3-62所示，设计师选用黄色与紫色这对经典的互补色，它们位于色轮的相对两侧，因此组合在一起能够产生强烈的视觉对比效果。

（4）三原色配色

三原色配色是使用色轮上等距离的三种颜色，通常包括一个主色和两个辅助色。它能够创建平衡且对比明显的色彩方案，提供了丰富的色彩组合，同时保持视觉上的平衡，适用于希望通过多样的颜色组合来增加设计的活力和多样性的场景。如图3-63所示，设计师采用宝蓝色、粉色、黄色和蓝色进行设计，其中宝蓝色为主色，其余三种颜色为辅助色，同时留出足够的白色。这种配色方案确保了色彩之间的平衡，又提供了强烈的视觉中心，可以吸引用户的注意力并引导他们的操作。

在App UI设计中选择适当的配色方法可以帮助设计师实现不同的视觉效果和功能目标。单色配色提供一致性和简洁感，类似色配色创造自然和谐的视觉体验，互补色配色突出重要信息，三原色配色则提供丰富多彩的视觉效果。根据设计需求和用户体验目

图3-61　类似色配色效果

图3-62　互补色配色效果

图3-63　三原色配色效果

标，合理选择和应用这些配色方法能够提升界面的美观性和可用性。

我们在进行 App UI 设计时需要遵循统一的色彩规范，明确规定颜色的使用规则，包括主色调、辅助色调、背景色、文本色、按钮色等。它提供了一个统一的指导框架，确保所有设计元素的颜色选择都能一致地反映品牌形象和用户体验目标，这也是确保界面一致性、品牌形象统一性和用户体验连贯性的关键。

总的来说，文字、图标、图片和色彩作为 UI 设计的基础元素，各自承担着不同的功能，但它们共同作用于提升界面的可用性和美观性。设计师在实际应用中，需综合考虑这些元素的交互和组合，通过科学的设计流程和规范的应用，打造出兼具功能性和视觉吸引力的用户界面，从而提供更好的用户体验。

本章主要围绕 UI 设计中的文字、图标、图片和色彩等基础元素进行了详细阐述，包括各元素的具体分类、风格特点、设计流程以及使用原则等内容，旨在帮助设计师打造出兼具功能性和视觉吸引力的用户界面，提升用户体验。

选择一款 App 进行 UI 元素构成分析，描述该 App 中文字的使用情况，包括字体、字号、颜色、排版等，分析图标设计的特点，如风格、色彩、寓意等，探讨该 App 的色彩搭配方案，说明其给用户带来的感受。

4

App UI 界面设计

掌握了 App UI 元素这部分基本构成以后，接下来是 App 交互的整体视觉布局，包括单个屏幕或多个屏幕的组合，以及它们之间的导航流程，这一部分便是 App UI 界面设计。学习界面时，重点在于理解整体设计流程、信息架构、布局原则以及如何将单个元素有效地组合成一个协调一致的用户体验。界面是品牌与用户交互的前线，优秀的界面设计可以起到加强品牌形象的作用，并能够反过来指导元素的设计与优化。

| 学习目标 |

1. 熟悉 App UI 界面设计的流程
2. 了解 App UI 中不同的页面类型与导航方式
3. 掌握 App UI 设计动效的逻辑关系

4.1 界面设计流程

在 UI 设计中,界面设计流程是确保设计方案高效且满足用户需求的关键步骤。设计师通常会经过以下几个阶段,从需求分析到最终的设计交互,也可以理解为从一个抽象的概念到最后的具象产品落地。每一个阶段都至关重要,每个阶段的结果都会直接影响着最后的设计交互。以下是详细的界面设计流程,并结合实际案例进行详细说明。

(1)需求分析

在 UI 设计中的首要阶段,设计师需要明确用户的需求、产品的目标以及产品的功能要求。这一步就决定了设计方案的整体方向和视觉风格。

❶ 用户需求即分析目标用户的行为习惯、年龄层、设备使用频率等。例如,设计一款针对老年人的健康管理 App 时,设计师会对老年人这一年龄特点进行分析。他们通常会考虑到老年人的视力较年轻人群体来说是较弱的,同时老年人的手指灵活程度也比年轻人要弱。因此他们的直接需求是加大加粗的字体,更简洁的导航方式和较少的手部操作。

了解用户需求的方法是多种多样的,常见的用户访谈、问卷调查、焦点小组(图4-1)等都可以获取目标用户的需求。在调研用户的选择上,需要了解该 App 面向的用户的年龄层、文化程度、性别、生活习惯等。在整理用户需求数据时,需要精准地将符合条件的用户数据提取出来,这些数据可以有效地表达用户群体的诉求。设计师需以此数据为结论进行下一步的设计。

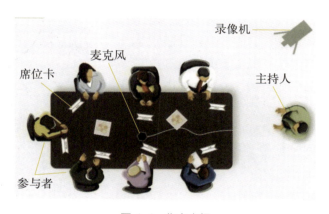

图 4-1 焦点小组

需求分析的过程还需要制作用户画像,来帮助设计师进行下一步的设计。用户画像是基于用户数据和调研,综合多个用户的共同特征,创建的一个虚拟用户模型。用户画像帮助设计师、开发者和产品团队更好地理解目标用户群体的需求、行为、动机和痛点,以便在设计产品时更好地满足用户期望(图4-2)。

常见的用户画像组成部分包括人

图 4-2 用户画像

口统计信息（如年龄、性别、职业、教育背景等）、行为模式（用户如何使用产品、浏览网站或应用的方式等）、动机和需求（用户使用产品的目的或他们想要解决的问题）、痛点（用户在使用类似产品时遇到的困难）和设备偏好（用户常用的设备或呈现方式）。

❷ 产品目标，即明确产品的目标市场，确保设计能够满足产品的商业目标，如提升销售额、增加用户黏性等。设计师所做的设计必须在满足用户需求的同时，匹配产品的定位和目标。例如某零售公司的电商 App 希望增加用户的停留时间，可以在增多的时间里浏览更多商品，从而提升销售额。那么在这个产品目标需求下，设计师可以考虑将优惠活动广告或者热门商品进行界面排版优化，使其更吸引用户。

产品目标、定位、趋势等数据可以通过查看最新的行业信息与分析来获取，如政府和官方机构发布的报告、企业发布的报告、专业咨询和研究机构等，其中像智库行业报告（图4-3）、艾媒咨询等是商业报告中的常用平台，设计师从而可以从中提取核心信息作为设计依据。

想要得到符合市场的产品目标，设计团队还需要将其他同类型的 App 产品与自身 App 产品进行对比，即竞品分析。竞品分析是通过系统性的研究和评估市场上同类产品的功能、特点、用户体验和市场表现，了解竞争对手的优劣势，以便为自己的产品设计提供参考和改进方向。竞品包括直接竞争对手（功能或市场相似的产品）和间接竞争对手（不同领域但有相似用户群体的产品）。例如淘宝 App 的直接竞争对手为京东、网易严选等，间接竞争对手为抖音、小红书等。竞品之间通常具备相似性与差异性，如图 4-4 所示，在宣传推广页中能看出竞品的产品调性与侧重点。

竞品分析有很多方面，对于初学者来说通常先详细研究竞品的功能模块，包括核心功能、次要功能、附加功能，了解这些功能是如何解决用户问题的，进而评估竞品的界面设计、交互方式、信息架构等，获取完整的用户体验。最后总结竞品的优势和不足，为自己的 App 产品的设计和开发提供参考，避免出

图 4-3 智库行业报告：2022 年抖音游戏行业报告书部分内容

图 4-4 淘宝、拼多多和网易严选推广图

现竞品的错误,也为后续确定核心功能和特色功能提供理论支撑。

❸ 功能要求,也就是确定 App 的核心功能以及与用户进行交互的方式。例如,设计一个电商 App 时,核心功能包括商品展示、购买流程、支付选项等,我们需要确保这些功能在界面设计中能够优化呈现,并保证 App 有专属于它的特色功能。数字产品的市场很大,如何让用户在众多的 App 产品中选中其产品是一个需要考虑的问题,而特色功能够将该产品与同类产品区分开,最大程度上吸引用户。

"需求分析"这一阶段会涉及到大量的文字、图表分析,要求设计师具备数据梳理和文字解读能力。一个良好的界面设计团队中,会有侧重于数据分析的成员来负责这一部分,与视觉设计师做好配合(图 4-5)。

(2)信息架构设计

信息架构设计是针对 App 中的内容进行组织和分类,使得用户能够轻松找到所需的信息。一个良好的信息架构可以快速帮助用户了解 App 的功能脉络,有效地提升用户体验。信息架构设计主要围绕内容组织、导航系统、标签系统、搜索系统这些核心要素展开。

图 4-5　数据分析图表

举个例子,在设计电商类 App 时,产品的普遍目标是让用户在该平台可以快速找到自己所需要的商品,完成支付,形成转化,所以设计师需要围绕"用户能够快速找到想要的商品进行购买"这一核心进行信息构架的设计。围绕内容组织、导航系统、标签系统、搜索系统这几个部分,做出对应的体系(图4-6),进而在相应架构中,细化出具体信息分类(图 4-7)。

内容组织:按类别或标签将商品分组,如"电子产品""服饰""家居用品等"

导航系统:用户可以点击不同类别或使用推荐功能进行快速浏览

标签系统:对类别、搜索筛选条件等进行分类,如价格区间、品牌、销量排序等

搜索系统:提供搜索关键词,结合智能推荐和搜索提示,帮助用户快速缩小搜索范围

图 4-6　电商类 App 信息对应

体系结构是信息架构的展现与根本,也就是指信息从上到下的组织方式,用户可以从图中看到 App 访问内容以及提炼出来的主要的母功能与子功能。如图 4-8 所示是抖音的信息架构图,当用户进入到抖音的首页时,会呈现出四个基本的子功能(附近、拍摄故事、推荐和搜索),用户会通过这四个子功能再进一步浏览更具体的内容。

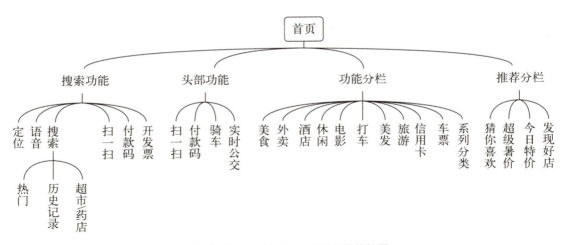

图 4-7　常规电商类 App 部分信息构架图

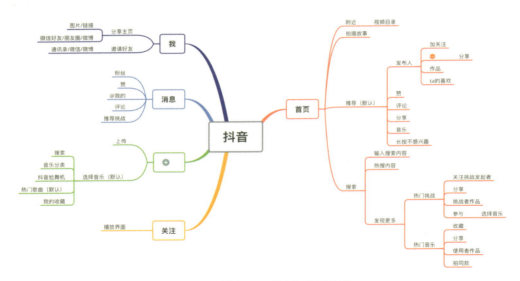

图 4-8　抖音 App 信息架构设计图

完成层次结构后的信息架构图清晰显示了各个页面系统之间的关系以及用户的可能路径，能够仔细地看到整个系统的结构，帮助设计师进行后续的导航设计。

（3）线框图和原型设计

在 App 界面设计流程中，线框图和原型设计是两个非常关键的环节，能够帮助我们将抽象的概念和需求逐渐转化为具体的界面表现。

线框图是信息架构可视化的一种方式，即简化的、无色彩的页面草图，能够展示 App 界面的功能布局和信息层次，帮助设计师、开发人员和客户快速理解界面的框架。

线框图的设计上，设计团队在开发前就讨论并确定界面布局，避免重复设计或者返工。如图 4-8 所示的线框草图，设计师将图片的位置、分类导航以及底部导航栏等位置绘制出来，不需要关注颜色和字体，只需要确保内容和功能位置符合逻辑。一开始绘制的线框图只是帮助设计前期尝试各种布局，不需要太精准，主要用来辅助设计师确定页面的大致版式（图4-9）。

原型设计是在线框图的基础上进一步发展，功能性、交互性的原型设计中，通常包括动态效果和用户操作流程。原型不仅展示了界面的布局，还通过模拟用户点击、滑动等操作，呈现出界面之间的切换及交互逻辑。

原型设计分为低保真原型和高保真原型。低保真原型为简化的原型，主要用于快速交互，展示逻辑和信息层次，不关注视觉细节。低保真原型可以通过纸质模型或简单的软件工具来创建。高保真原型更接近最终的 UI 界面，具有较完整的视觉设计、动态效果和交互体验，通常用于后期的设计验证或用户测试。如图 4-10 所示，Axureshop 网站上的旅游社交 App 原型模版为高保真原型模版，其界面元素已经十分完善，设计师只需要在此基础上进行细微的调整，让其更符合自己的设计即可。

图 4-9 线框图

图 4-10 旅游社交 App 原型模版

原型设计是验证交互性、操作性和用户流的关键步骤，可以帮助设计师发现潜在问题。同时，高保真原型可以用于用户测试，让设计师在产品测试开发前获得用户反馈，即时进行优化。

（4）优化设计

一旦原型设计完成并得到验证，设计师将进入视觉设计阶段。视觉设计是界面设计的核心部分，包括色彩、字体、图标和动画的选择与设计。这个阶段决定了 App 的整体风格和用户体验，设计师需要根据产品调性选择合适的色彩方案、匹配字体等。

优化设计是在高保真图的基础上，融入更多对于 App 产品调性的理解和祈愿，将界面进一步优化，让其 App 产品的独特性和功能性更明显。将产品比作人来讲，"原型设计"就是为人的骨骼添加肌肉和皮肤，而"优化设计"则是给人添上衣服和妆容，让人以良好的状态出现在大众眼中。

（5）测试与迭代

设计完成后，需要经过用户反馈测试和反馈优化，确保界面设计的可用性、模拟性和视觉效果。在这个阶段,设计师通过用户反馈解决问题将产品迭代优化,提升用户体验。

用户测试的方法是多种多样的,简单的方法就是邀请用户实际使用 App,设计师可以通过测试观察用户的操作行为,收集他们的反馈和问题,发现设计中的潜在问题。也可以邀请用户填写使用反馈意见,来修复界面中出现的问题。

图 4-11　眼球追踪技术原理

用户测试迭代设计中也有一些更精细的用户行为洞察的方法,比如以下几种。

❶ 眼球追踪技术:一种记录用户在界面上注视点和浏览路径的技术。能够准确识别用户在界面上的注意力焦点,帮助设计师了解哪些元素最吸引用户的眼球,用户的视线扫描路径,以及可能忽略了哪些重要内容(图 4-11)。

通过眼球追踪,设计师可以确定用户浏览页面的顺序,优化重要信息的展示位置,进行界面布局优化。另外,通过眼球追踪可以确认用户是否关注到核心功能区域,从而优化视觉优先层级位置。

图 4-12　热图分析测试

❷ 生物识别技术(生物识别检测):通过监测用户的生理反应(如心率、皮肤电活动、面部表情等),评估他们对设计的情绪反应。该技术可以帮助设计师了解用户在特定界面或进行交互时是否感到紧张、兴奋或厌烦。了解用户在使用界面时的情绪变化,帮助设计出引起用户兴趣和情感共鸣的产品。

❸ 热图分析测试:通过记录用户点击、滚动和鼠标移动的密度,生成一张显示用户行为热点的图像。通过分析热图,设计师可以清楚地看到用户在界面上的交互区域,了解哪些地方是用户最常使用和关注的。如图 4-12 所示,红色的部分代表着用户停留的时间更长,是用户更关注的区域,设计师可以根据用户的表现来调整界面,帮助用户关注到核心功能区域。

❹ 点击路径分析:通过跟踪用户在应用或网站中的点击顺序,了解用户的使用习惯和行为模式。它可以帮助设计师识别出用户经常访问的页面和操作路径,从而优化界面的导航结构。例如用户在使用 App 时,为了达到某个结果,设计师观察用户点击 App 区域的过程,是否有出错或者误导的地方,然后进行用户流优化和功能步骤修订。

界面设计流程是一个从需求分析到最终优化的循序渐进的过程,涵盖明确用户需求、构建信息架构、设计原型、进行界面设计、测试和优化迭代等多个阶段,每一步都保证了设计的逻辑性。通过用户研究、迭代测试等手段，设计师能够不断改进出符合用户期望、操作性强且具备视觉效果的产品。

4.2 常见界面类型

4.2.1 启动页

启动页面是用户打开App时看到的过渡界面（图4-13），常用来缓解用户等待的焦虑感，也会用来放置开屏广告，起到广告位的作用。特点是不可交互、显示时长不可控、无点击或者跳过等操作。

启动页设计元素包括了Logo、品牌标语，偶尔也会搭配一些与品牌相关的插画或者图片（图4-14），帮助强化用户对品牌的认知。

在设计启动页时，需要遵循以下要点。

图4-13　悟空浏览器App、红果短剧App和喵喵记账App启动页界面

（1）信息简练

启动页的内容应该简洁，避免冗杂的信息，如果使用长文案可能出现用户没看完就已经自动进入首页的情况，可以只显示品牌Logo、背景图或者简短的口号，让视觉聚焦（图4-15）。

图4-14　知乎与KEEP App启动页界面设计

图4-15　抖音商城App与小米App启动页界面

（2）动画过渡

启动页可以采用一些简单的动画效果，让加载过程更具动感。例如，渐隐渐现的 Logo 或淡入淡出的背景都能够增加启动页的视觉吸引力，同时不会让用户感到等待无聊。

（3）品牌一致性

启动页的颜色、图形、Logo 应该与品牌的整体视觉风格一致，如图 4-16 所示，QQ 音乐 App 与酷我音乐 App，启动页的颜色与产品品牌的整体视觉风格一致，保证了品牌的调性和协调性，产品首页不会与启动页产生割裂感，维护了 App 产品的统一性。

图 4-16　QQ 音乐 App 与酷我音乐 App 启动页界面

4.2.2　引导页

引导页是用户第一次使用 App 时看到的 2~3 个页面，旨在帮助新用户快速了解应用的核心功能、操作流程或使用价值。引导页的设计同样需要既清晰明了，又具有吸引力。如图 4-17 所示的途家民俗 App 的引导页，引导页一共展现四张，排版风格一致，文字类型一致，简单的文案凸显出该 App 的核心功能，让用户从简洁大方的引导页中快速了解 App 的内容。引导页就像为新用户播放该产品的广告，让新用户精准找到自己的需求。

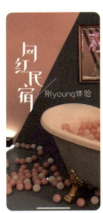

图 4-17　途家民俗 App 引导页界面

引导页在 App UI 设计中的作用主要体现在以下几个方面。

（1）欢迎用户

优秀的引导页会以自然又吸引人的方式打开产品与用户之间的沟通。

（2）介绍产品

通过引导页，应用可以向新用户展示关键功能或创新点，帮助用户快速了解如何使用。

例如，某些电商 App 会在引导页展示购物车、优惠券或商品搜索等核心功能，让用户立即明白如何操作。如图 4-18 所示，支小宝 App 的引导页界面设计就是将该 App 的核心功能进行重点展示，让用户可以准确地理解产品功能意图，完成使用。

（3）吸引用户

通过清晰的引导，帮助用户快速上手，减少用户首次使用的困惑感。如图 4-19 所示，悟空浏览器 App 的引导页界面，将该 App 的操作界面进行展现，减少用户的学习时间，帮助用户尽快上手 App 的相关功能，可以吸引用户使用。

引导页的设计需要注意的要点有以下几方面。第一，引导页的内容应尽量精简，将最核心的信息传递给用户，避免过多的文字说明。引导页的页数也不宜过多，通常 2~3 页为宜，以免用户产生疲劳感。第二，集中展示 App 的核心功能或亮点，避免过于复杂的解释。通过清晰的视觉引导和简要的文字说明，帮助用户快速理解。如图 4-20 所示，央视频 App 的引导页界面集中展现了该 App 的核心功能，直面用户需求，让新用户可以带着愉悦的心情进入首页。第三，提供"跳过引导"的选项，避免强制用户浏览所有引导内容。如图 4-21 所示的引导页界面，在右上角的位置设计"点击跳过"的按钮，用户可以直接跳转至首页。

图 4-18 支小宝 App 的引导页界面

图 4-19 悟空浏览器 App 引导页界面

图 4-20 央视频 App 的引导页界面设计

图 4-21　引导页界面中设置"点击跳过"按钮

通过良好的引导页设计，可以帮助用户快速熟悉 App 的功能和操作，减少首次使用的困惑，提高用户的留存率和满意度。

4.2.3　登录页

登录页是用户进入 App 之前的第一道关卡，其设计直接影响用户的初始体验。一个设计良好的登录页不仅要确保安全性，还要提供便捷的操作方式，避免用户在注册或登录时遇到阻碍。

登录页的主要功能是对用户身份进行验证，确保用户数据的安全性，有良好体验的登录页会通过明确的视觉引导帮助用户快速完成登录或注册流程，通过登录页，应用可以获取用户的基本信息，便于后续的个性化推荐和定制服务。

登录页的关键设计元素是"账号"与"密码"输入框以及"确定下一步"按钮，视觉上以功能信息为主。如图 4-22 所示，KEEP App 的登录页面保留了深色的背景，设计师将账号、密码和登录放在视觉中心，并且采用统一的长宽比例和圆角矩形尺寸，同时剔除复杂元素，让整体的界面显得更有规律性。

进行登录页设计时还需要注意突出"登录"按钮，避免用户在页面上找不到关键操作点。一般通过颜色突显和排版精简，让用户快速识别。如图 4-23 所示，智谱清言 App 的登录页界面通过醒目的蓝色按钮来引导用户点击。

图 4-22　KEEP App 的登录页面设计

图 4-23　智谱清言 App 的登录页界面设计

4.2.4 首页

首页也叫头屏，是用户登录 App 后高频使用的界面，承载着应用的核心内容与功能。首页设计的好坏直接影响用户的留存率和操作体验。首页通常包含核心功能的入口，往往是应用中最重要的信息展示窗口，涵盖用户关心的主要内容。

首页的设计需要考虑到信息的优先级，通过布局和视觉元素（如大小、颜色）引导用户将注意力集中在最重要的功能或内容上。如图 4-24 所示，在传媒类今日头条 App 产品界面中首页会优先显示推荐的文章和视频，其他功能如"发布""个人中心"则放置在次要位置。

图 4-24　今日头条 App 的首页界面设计

其次，首页应提供便捷的导航方式，让用户能够快速找到所需的功能和内容，其通常使用顶部导航栏或底部 Tab 栏帮助用户跳转到不同页面。如图 4-25 所示，京东的首页设计了明显的底部导航栏，方便用户在"首页""分类""购物车"等页面间切换。

图 4-25　京东 App 的首页设计

最后，在首页的设计中，重要信息或功能应当以更为醒目的方式呈现，例如使用大号字体、鲜艳颜色或卡片设计，帮助用户快速识别并进行交互。如图 4-26 所示，美团的首页设计突出外卖、到店、团购等常用服务，并通过图标和颜色加以区分。

图 4-26　美团 App 的首页设计

4.2.5 个人中心页

个人中心页主要用于展示用户的个人信息和相关功能，如设置、订单管理、账户信息等。这一页面的设计应当以简洁、清晰为主，方便用户快速找到所需的功能。用户在个人中心页可以查看自己的账户信息、历史订单、收藏内容等。个人中心页是用户进行个性化设置、支付管理、退出登录等操作的主要入口。

个人中心页面是每一个 App 界面设计中不可缺少的部分，用户对其的使用率较高，在设计个人中心页时需要清晰的层级结构，将常用功能置于显眼位置，减少用户的操作成本。如图 4-27 所示，中国移动 App 的个人中心页首先展示用户头像和昵称，紧接着是一些常用功能，层次清晰。

另外，这些功能需要有序排列，避免信息过载，且应当通过统一的视觉元素（如颜色、图标风格）与应用整体风格保持一致（图4-28）。

图 4-27 中国移动 App 的个人中心页

图 4-28 KEEP App 个人页面设计

4.2.6 空状态页面

空状态页面是指当用户界面中没有可显示的数据时的页面，也是提升用户体验和引导用户操作的关键环节。如果页面显示为一片空白的话，那用户有可能认为是网络出现了问题，或者是产品本身存在缺陷，很有可能给用户造成误解，所以在 App UI 设计相对成熟之后，各个产品中都会对页面的空状态做出一些情感化设计，比如使用插图、动画或色彩来提升页面的情感吸引力，使空状态页面看起来不那么冰冷，并且给用户提供一个明确的下一步操作提示。如图 4-29 所示，小鹏汽车 App 的购物车页面，左图显示空状态页面，设计师用图标加文案提示用户"购物车暂无商品"，并提供"去逛逛"的按钮，直接引导用户回到商品页。

不同的空状态页面表达的含义有所差别，设计师可以根据当下页面状态来精心设计特殊的空状态页面内容。如图 4-30 所示，小猿口算 App 的空状态页面的提示语在不同的页面中并不一样。

图 4-29　小鹏汽车 App 的购物车页面

图 4-30　小猿口算 App 的空状态页面

以上这些界面类型在 App 中发挥着不同的作用，设计时需要根据用户需求和使用场景进行优化，以保证用户的使用体验流畅和愉悦。

4.3　界面中的导航布局

导航布局是 App UI 设计中帮助用户快速定位和找到功能或信息的重要组成部分。根据不同的需求，导航布局的设计会有所不同，主要分为同层级导航、分层级导航和内容式导航。设计师需要根据应用的功能结构、用户行为以及视觉系统来选择合适的导航布局方式。

4.3.1　同层级导航

同层级导航是指在界面中，所有内容和页面都在同一个体系中展示，用户需要通过复杂的分级菜单进行深入查找。它通常适用于那些功能相对独立且数量较少的应用，或者内容呈现相对纸张的结构，用户可以通过一个页面快速访问各项功能。

同层级导航具有简单易用、使用效率高等特点。用户可以直接从主导航界面访问所有功能，需通过多次点击进入深层的页面结构。由于没有太多的系统，用户能够快速掌握系统的功能和布局，尤其适合那些有明确功能分类的应用。并且用户可以在中断的路径内完成任务，减少了跳转页面的次数，提高了使用效率。

底部导航也叫标签式导航，是现在体量较大的 App 产品中最常用的导航形式，用户可以从底部的固定菜单中快速切换页面，既保证使用效率又可以容纳更多信息。如图 4-31 所示的全民级应用——微信的导航，就是典型的同层级导航示例。底部四个标签页（微信、通讯录、发现、我）清晰地显示了用户在微信中需要访问的主要内容功能模块。每个模块都是独立的页面，而没有深入的多层次结构，这样用户能够快速在这些主要功能之间进行切换。

底部导航无需进入复杂的菜单便可轻松访问，用户可以短时间内掌握应用的操作方式，尤其是对新用户来说，简单的导航有助于提升用户体验。界面设计相对简洁，不需要设计复杂的多层次菜单，用户界面看起来更加清晰、整洁。

图 4-31　微信 App 界面设计

还有一些常见的 App 产品会使用混合搭配的形式，如图 4-32 所示的大众点评 App 采用的是底部导航+首页快捷入口这种设计排版，底部的标签页（首页、视频、+笔记、消息和我的）帮助用户快速在不同功能之间切换。同时，在首页提供了常用功能的快捷入口，比如关注、推荐、美食等，这些都是同层级导航的扩展。

图 4-32　大众点评 App 中的混合式导航

4.3.2　分层级导航

分层级导航是指将 App 内容或功能按照一定的逻辑分层组织，用户需要逐步进入不同的系统来创建和使用功能。这种导航方式通常适用于功能分布主次分明的应用。

通过分层级导航的设计，App 内容会按照逻辑分布在不同的体系上，用户在使用时可以循序渐进地浏览和操作，避免信息过载。同时，当 App 产品的功能较多、内容复杂时，分层级导航能够有效组织内容，使得用户可以通过多次点击访问多个功能或页面。

如图 4-33 所示，百度地图 App 在用户查找目的地时会通过分层导航引导用户。比方说用户首先输入目的地，点击进入具体地点选择页面，再从多个路线选项中进行选择（如步行、驾车、公交等），然后进入最终的路线详情页面。通过完成这种分层式导航，百度地图将路线规划过程拆解成多个步骤，用户可以逐步进行复杂操作。

分层级导航可以帮助设计者有效地管理内容，将大量信息分类分级，减少用户的认知负担。它适用于内容丰富、功能复杂的应用，能够帮助用户通过合理的分类步骤发现信息和功能。通过有效的提升设计，分系统导航可以极大地提高用户的操作效率和体验感。

图 4-33　百度地图 App 层级导航路径

4.3.3　内容式导航

内容式导航是通过内容本身来引导用户完成操作或浏览的导航方式。这种导航设计强调直接呈现内容，以吸引用户点击菜单和进一步探索。内容式导航通常通过图片、文字、视频或图标等视觉元素进行信息传递，并引导用户与内容进行交互，与前述导航相比，内容式导航弱化了系统关系。

如图 4-34 所示的小红书 App，其导航设计就是典型的内容式导航。

图 4-34　小红书 App 内容式导航

图 4-35　抖音 App 首次开启推送视频

用户一进入 App 主页，看到的是不同用户发布的"种草"笔记。每篇笔记都以图片和文字的形式展示，用户可以通过点击图片或文字进入详细的笔记页面。

典型的还有抖音 App（图 4-35），采用了高度内容化的导航形式，用户打开 App 读取的就是全屏视频内容，用户通过上下滑动来浏览新的视频内容，通过点击视频内的相关商品标签或推荐内容进行跳转。

内容式导航在现代移动应用设计，尤其是在短视频类 App 中得到了广泛应用。通过内容直接引导用户操作，使用户体验更加自然，极大地提高了用户黏性和互动频率。

4.4　界面中的交互动效

交互动作效果是 App 设计中重要的组成部分，它不仅能够提升用户体验，还能通过视觉反馈、逻辑引导等方式使操作变得更加具有流畅性和观赏性。设计合理的交互动作效果，可以让用户操作变得更自然，甚至可以预防操作错误，提升 App 的易操作性。

4.4.1 逻辑关系

界面交互的逻辑关系指用户与界面元素之间的交互行为和界面元素之间响应这些交互行为的逻辑顺序和方式。这些关系确保了用户操作的直观性和应用的易用性。好的逻辑关系能够保证用户的操作符合预期，能够顺利完成任务，可以减少用户的困惑，使界面更加流畅和易用。以下是一些关键点。

（1）状态变化

界面元素在交互过程中可能会改变其状态，如从不可点击变为可点击，或者显示不同的信息。比如外卖类 App 中，当用户选择餐厅并点餐后，点击"下单"按钮，系统会立即显示订单确认页面，包含餐品明细、价格、优惠等信息，同时引导用户确认支付。分步骤的逻辑关系设计，确保用户每一步的操作都是透明且可控的。当用户完成支付后，有的 App 会出现一个动态的订单追踪界面（图 4-36），让用户看到骑手的位置和预计送达时间。这种即时反馈逻辑提升了用户的安心感，还增强了用户对整个订餐流程的体验的掌控力。

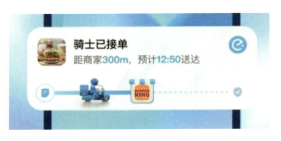

图 4-36　饿了吗动态订单追踪界面

（2）顺序

交互动作和界面响应通常遵循一定的顺序，以确保用户能够理解操作的流程和结果。如图 4-37 所示滴滴出行的叫车流程中，用户在发出打车请求后，系统会立即显示司机接单的进度，并通过车辆动画展示司机的实时位置。司机到达前，滴滴会通过动效提醒用户提前出门，用户通过手机支付完成后，会得到

图 4-37　滴滴出行叫车流程界面

明确的支付成功提示和金额明细等。这种逻辑顺序不仅让用户的每一步操作都有明确的提示，还提高了整个产品体验的流畅性。

（3）错误处理

当用户操作不符合预期或者系统出现问题时，界面需要提供清晰的错误信息和可能的解决方案。比如用户在填写表单时，如果输入了不符合要求的信息（如邮箱格式错误），应用可

以立即在错误字段旁边显示一个红色的错误提示图标和简短的错误信息,比如"请输入有效的邮箱地址"。又或者用户在进行某些关键操作(如支付)时,如果操作失败,应用应该提供明确的错误信息,并可能提供重试按钮或联系客服的选项。

逻辑关系是确保交互体验流畅、用户操作顺利的关键阶段。用户需要良好的逻辑关系保证能够在操作时清楚了解每一步的结果和状态,增强了对系统的理解和控制感,让操作变得更加敏锐和高效。

4.4.2 手势操作

手势操作是指用户通过触摸屏的手指动作与应用程序进行交互的方式。常见的手势操作包括点击、滑动、拖拉、捏合、长按等。

点击通常用于选择、确认或进入某些功能。滑动主要用于页面的切换、列表滚动或内容的翻页。例如我们在浏览微信的朋友圈内容时,通过滑动的手势操作来查看朋友圈内容。长按通常用于触发某些隐藏操作或激活特定的功能,适合那些经常不需要使用但又重要的功能,例如 QQ App 的"长按对话消息"操作是一个经典的语音操作示例。用户在对话中长按消息时,会弹出一个选项菜单(如"复制""转发""删除"等)。

捏合(缩小)和扩展(放大)是常见的缩放操作,主要用于缩放图片、地图等内容。如图 4-38 百度地图 App 中,用户可以使用捏合放大缩小地图视图,获得更广泛的地理信息或者放大某个特定区域。

图 4-38 百度地图 App 的界面缩放

4.4.3 动效设计

App 中的动效设计是指在移动应用中使用动画和过渡效果来增强用户界面的交互性和视觉吸引力的过程,可以分为功能性动效和装饰性动效两类,分别为用户提供信息反馈和视觉美感提升。

(1)功能性动效

主要用于提升用户的操作理解力,帮助用户理清界面之间的逻辑。常通过动画的方式让用户了解操作结果、界面转换以及状态变化等。如图 4-39 所示的饿了么 App,点击"加入购物车"后,界面会出现把商品移动进"购物车"的动效,一方面代表着用户将该商

图 4-39 饿了吗 App 购物车界面

品加入购物车这一指令操作成功，另一方面也增加了线上购物的趣味性。

（2）装饰性动效

主要用于提升视觉美感和App品牌调性。这类动效不会直接影响功能，但会让界面看起来更加丰富的设计感。如图4-40所示的QQ音乐App播放器界面，播放器的动效会伴随着音乐进行跳动和变换，起到一定的装饰性，让整体界面更具有观赏性。

图4-40　QQ音乐App播放器界面

总的来说，动效设计在移动应用开发中扮演着重要的角色，它通过视觉和交互元素的动态表现，增强用户体验和应用的功能性。既可以帮助用户理解界面元素之间的关系，比如通过过渡动画展示页面之间的联系，也可以提供即时的视觉反馈，让用户知道他们的操作已被应用识别和处理，还能够清晰地指示导航路径，帮助用户理解他们当前的位置以及如何到达其他部分。通过动效简化复杂的交互过程，减少用户的认知负荷，使操作更加直观易懂。动效设计是一个多学科的领域，它结合了设计原则、用户研究、技术实现和创意思维，可以帮助设计师创造出既美观又实用的界面。

总结回顾

本章详细阐述了界面设计流程的各个步骤，详细解析了从需求分析至视觉优化的设计流程，强调了各流程步骤的用户体验与功能性。其次本章总结了App UI界面设计的核心和主要界面类型，分析了各种常见的界面类型，包括启动页、引导页、登录页、首页、个人中心页以及空状态页面，并说明了众多类型在用户体验中的作用和设计要点。同时本章探讨了界面中的导航布局，介绍了同层级导航、分层级导航和内容式导航的特点与案例。最后本章讲解了交互动效的详细设计，包括逻辑关系、交互操作和动效设计，突出了动效在提升用户体验、强化操作反馈和增加界面趣味性方面的重要性。

课后实践

选择一款已有的App进行1～2个页面的改良，其中需包含首页。详细分析界面设计导航布局，尝试增加界面元素的动效设计。

5

App UI 设计实训

本章通过设计实践训练项目，讲解 App UI 设计方法与内容，让初学者理解设计流程与创作过程。设计实践重点讲解如何通过项目促进团队设计合作，增强团队协作能力，提升项目管理和执行效率。

| 学习目标 |

1. 熟悉 App UI 设计产品设计流程
2. 深入掌握界面设计要点
3. 从项目角度认识团队协作方法

App UI 设计

5.1 实训一——项目准备与功能规划

❖ **实训内容**

以完成一款 App UI 设计为目标，组建团队进行讨论，团队人数在 3~5 人之间，由其中 1 人担任负责人，根据 App 产品体量匹配团队人数。App 产品既可以是现有上线产品的改版，也可以是根据用户需求所进行的创新设计。了解最终输出内容并进行团队讨论，由负责人在本阶段组织所有成员开始项目前期调研，同时进行需求分析和用户画像的建立，相关准备工作完成后，对所定产品的功能进行规划，包含核心功能以及附加功能。

❖ **实训重点**

1. 选择主题并了解阶段性输出内容
2. 产品需求分析、用户画像搭建
3. 产品功能规划

❖ **实训目标**

1. 团队意识的建立
2. 全局意识的培养
3. 为决策提供依据的能力
4. 数字产品设计中逻辑思维能力

❖ **实训要求**

1. 了解团队建设与组织方法
2. 能够从团队讨论中共享信息并产生新想法
3. 具备调研、分析与分享的能力
4. 具备功能规划的能力

❖ **阶段作业**

选择命题成立团队，完成所选 App 产品的相关调研工作与功能规划，将团队调研方法、调研结果、产品定位、功能规划进行文件提交，由团队项目负责人记录团队成员任务分配与完成情况文档。

5.1.1 选择主题并了解阶段性输出内容

根据用户体验要素五个层面，选择主题时需要在战略层面确定 App 产品的目的和价值，设计最终的服务目标是"解决某种问题"，需要从用户的角度考虑产品提供了什么实际的价值。团队项目负责人需要与队员达成共识，在这个过程中讨论用户需求，每个成员都需要发表个人思考。

需要注意的是，团队确立主题的过程不能仅是某个人的需求，而是通过调研"去伪存真"。该环节主要训练学习者从客观的角度分析需求，初学者往往会以个人的生活经验和感受去决定做一个什么样的 App（图 5-1），这是一把双刃剑，一方面这是真实存在

图 5-1 初学者的选择更倾向于从个人出发

的需求,甚至是很棒的角度,另一方面,这不一定是其他人也需要解决的问题。所以验证的过程很重要,建议团队使用线下或者线上问卷、访谈等方式扩大范围(图5-2),通过收集、整理、解构、推理验证是否是真正的需求,真的需要通过App UI的创新或改版去解决这个问题。

图 5-2　扩大范围验证需求

团队阶段性的输出内容决定了App UI设计的最终形态,表5-1中标注了设计前期、中期、后期所需要完成的输出内容,并对内容做了对应的解析。建议团队确定主题后根据此图进行时间规划。

表 5-1　阶段性输出内容

前期	项目背景	理解项目、凝聚团队
	需求分析	明确项目目标、识别用户需求、规划功能、避免范围蔓延
	用户画像	了解目标用户,帮助市场定位
	产品结构图、流程图	理清产品的组织结构、信息架构和操作流程
中期	低保真交互原型	展示应用界面之间的交互流程和用户操作效果
	视觉规范 - 字体	视觉元素的使用规则和标准
	视觉规范 - 颜色	
	视觉规范 - 图标	
	主界面 - 高保真原型	页面视觉呈现
	主界面 - 动效设计	描述界面或界面元素的动态效果
后期	视觉效果展示	App UI 设计整合
	最终设计文档整理	设计过程中的所有文档、笔记、草图等,记录设计思路、决策和讨论,以便日后查阅和参考

5.1.2 产品需求分析与用户画像搭建

产品需求分析是确定产品功能和设计要求的过程。通常我们有几种方式来进行需求分析，分别是"看趋势""用户研究"和"竞品分析"。

"看趋势"是指引导初学者学会从宏观环境中总结过去，尤其是近些年整体科技、互联网方面比较有影响力的行业导向。这些每一年能够总结与感知到的热门关键词，里面往往蕴藏了很多大环境下的产品需求，这好比是风向标，能够指导现在并预示着未来数字产品的发展。比如从图 5-3 中近几年的趋势总结能够看到，"人工智能"一直是热门话题，那么这个方向下 App 产品，是否会是一种需求？"看趋势"是一种辅助性的产品需求分析方法，因为初学者不具备行业经验，分析趋势并不容易，但初学者仍需要有意识地留意市场需求，长期积累。

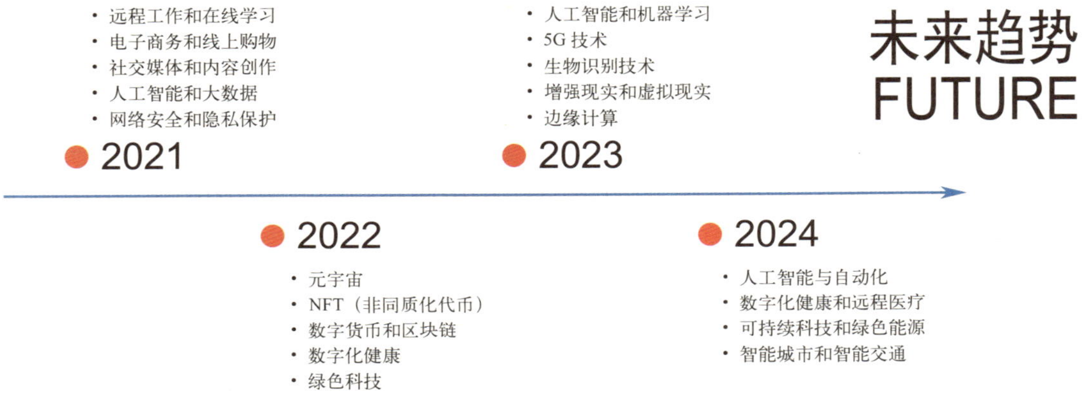

2021
- 远程工作和在线学习
- 电子商务和线上购物
- 社交媒体和内容创作
- 人工智能和大数据
- 网络安全和隐私保护

2022
- 元宇宙
- NFT（非同质化代币）
- 数字货币和区块链
- 数字化健康
- 绿色科技

2023
- 人工智能和机器学习
- 5G 技术
- 生物识别技术
- 增强现实和虚拟现实
- 边缘计算

2024
- 人工智能与自动化
- 数字化健康和远程医疗
- 可持续科技和绿色能源
- 智能城市和智能交通

未来趋势 FUTURE

图 5-3　近几年科技与互联网行业热门总结

对于初学者来说，"用户研究"往往是通过生活积累、个人观察、问卷调查、用户访谈等方式获取用户的需求，要指导团队从中进行筛选，选择和自己的产品或是服务相关的用户，摒弃无关需求。举个例子，有的团队的项目主题为针对老年人的陪护服务类 App，那么用户研究就要结合个人观察和用户问卷、访谈来挖掘老年人群体的真实需求。不能沿着"老年人都眼花耳背"这类较为想当然的特点去拟定用户需求，通过更深入的用户研究，设计师可能还会找到诸如"手指点击屏幕时接触时间较长""视频通话常常没露出全部面部"等交互细节，同时还需要考虑老年人的年龄划分，地域的区别，以及常见病、多发病，不同地区对陪护的不同要求等等。

竞品分析是在实训中最常用的需求分析方法，是对市场上类似的 App 产品进行研究和评估的过程，目的是为了了解竞争对手的不同方面（图 5-4），包括产品功能、交互设

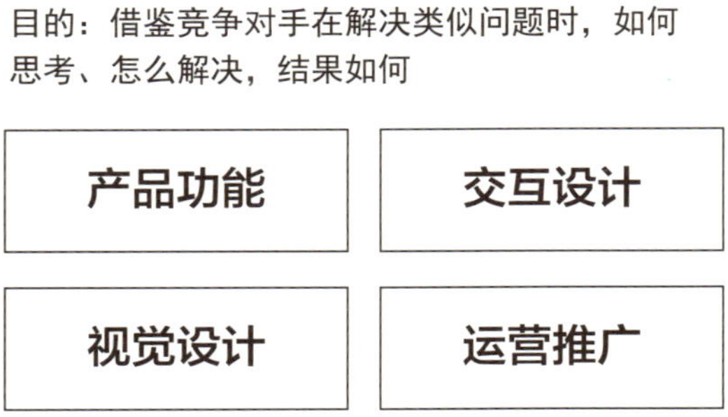

目的：借鉴竞争对手在解决类似问题时，如何思考、怎么解决，结果如何

产品功能	交互设计
视觉设计	运营推广

图 5-4　竞品分析涉及内容

计、视觉设计和运营推广。分析对方在解决类似问题的时候，如何思考、如何解决、结果如何，从而指导自己的设计决策，提升产品的竞争力。初学者在竞品分析方面往往比较浅显单一，不够深入，如图 5-5 所示是某团队为闲置二手书 App 项目所做的竞品分析，内容较为单一，需要再继续深入。

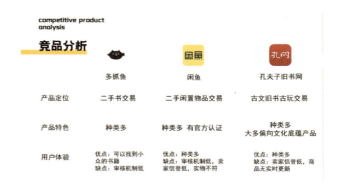

图 5-5 《蚁书》App 竞品分析 / 学生作品

进行竞品分析的流程通常包括以下步骤。

❶ 选择竞品：挑选出市场上表现良好、产品定位相似的应用作为分析对象。

❷ 收集信息：使用各种方法收集竞品的信息，包括直接使用应用、查看应用商店的描述、阅读用户评论、观看演示视频等。

❸ 功能对比：列出竞品的功能列表，对比它们的功能特点和用户界面布局。

❹ 交互设计分析：体验竞品的使用流程，评估其易用性、交互性和情感体验。

❺ 视觉设计分析：观察竞品的色彩、字体、图标、布局等视觉元素的使用，分析其设计风格和品牌传达。

❻ 运营推广分析：了解竞品所采用的运营推广方式。

❼ 结果整理：将收集到的信息和分析结果整理成文档，总结竞品的优势和不足。

产品需求分析方式除了以上介绍的几种，还有其他一些方式，比如"二手资料""数据分析"等。对使用哪一种或者哪几种方式不做硬性规定，但为了确保产品开发方向与市场需求一致，在 App UI 设计整合时，需要出具部分分析过程，以清楚的佐证 App 的价值。

用户画像在界面设计流程的章节中有介绍，在实训中我们可以将它理解为电影角色，每个画像背后代表了一种群体，通过群体特征的详细描述，包括个人特征、行为习惯、兴趣爱好、消费习惯等信息进行分析和总结，设计师能够更好地了解目标用户，并且在团队的每个环节的工作中都能有客观的依据。确保产品功能和服务能够精准地满足用户的需求是用户画像的意义，根据相关信息，设计团队可以识别出哪些功能是用户常用的，哪些功能是用户不常使用的，进而对不常用的功能进行优化或删除。

用户画像就好比给用户打标签，标签的类型有很多，经常使用的有统计类标签、偏好类标签和需求类标签。

❶ 统计类标签是最为基础也最为常见的标签类型，例如某个用户的性别、年龄、城市、星座、近 7 日活跃时长、近 7 日活跃天数、近 7 日活跃次数等字段可以从该用户注册数据、用户访问数据、消费数据中统计得出。该类标签构成了用户画像的基础。

❷ 偏好类标签涉及用户对特定内容或产品的喜好，这些标签可以帮助设计师了解用户的

兴趣、需求和消费习惯，从而为用户提供更加个性化的服务和推荐。

❸ 需求类标签，即对用户痛点的描述，它是用户需求的一个重要方面，帮助设计师更好地理解用户在使用产品或服务时遇到的问题和不满。

以图 5-6 举例，这款音乐类 App 项目用户画像的搭建包括三种类型用户，不同年龄段、职业和性别为统计类标签，"个人描述"为用户所描述的自身特点与偏好，"用户需求"是对此类产品的期许与痛点。这些不同的标签共同组成了一个典型用户角色，帮助设计服务更加聚焦和更加专注。

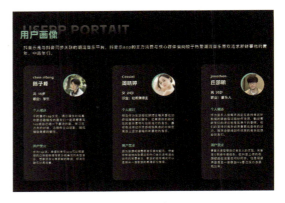

图 5-6 《抖音乐》App 用户画像 / 学生作品

5.1.3 产品功能规划

当命题项目确定，团队已经拿到了需求，接下来要在团队中解决的问题是：产品的功能应该聚焦在哪？

产品功能规划要完成两个任务：功能分类和排列优先级。

举个例子，图 5-7 是某团队项目在产品功能规划时完成的功能全景图，这是一款助眠类 App，团队在完成项目准备工作后梳理出了用户需求，并根据需求列出相应功能，包括助眠声音方面的功能和社交方面的功能，可以看出，任务全景图的功能全而无序，无法区分优先满足的核心功能在哪里。因此之后该团队需要将功能全景图中的各类功能进行分类，完成优先级的排列。

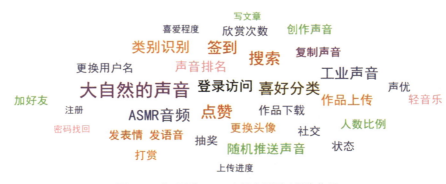

图 5-7 《听眠》App 功能全景图 / 学生作品

在进行产品功能规划时，设计师一般会将功能区分为核心功能和附加功能。这两类功能其实不难区分，但是有时候团队会在进行界面转化的时候因为功能较多而"乱了阵脚"，导致产品解决的核心问题不明确。这两者的区分在于核心功能是满足用户基本需求的功能，而附加功能是可以增加用户体验和吸引力的功能。

排列优先级的方法是根据功能的重要性和使用频率将其划分为四个象限,如图5-8所示,分别是右上角的"高使用频率"和"高重要性"功能(这也将是产生核心功能的象限),左上角的"低使用频率"和"高重要性"功能,右下角的"高使用频率"和"低重要性",左下角的"低使用频率"和"低重要性"。通过团队成员的讨论与产品预设,将任务全景图中的所有功能进行优先级划分,分别放入不同象限,这样能够快速区分出产品的核心功能与辅助功能,并可以直观地、客观地为下一步的设计任务提供佐证。

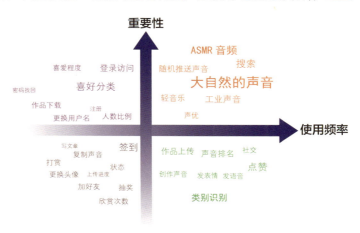

图5-8 《听眠》App 功能排列四象限 / 学生作品

5.2 实训二——结构图、流程图与低保真原型图制作

❖ 实训内容

每个团队根据各自的项目主题进行产品结构图、流程图、低保真原型图制作。产品结构图要求能展示 App 内部架构,反映系统中组件之间的相互关系,帮助理解和把握软件的整体架构,导航层级为三级。流程图要求描述核心功能下重要任务的逻辑顺序,用有顺序且带箭头连接的线框,将重要功能的具体操作步骤展现出来,重点是让其形成一个完整闭环。低保真原型图要求通过简单的页面来展示产品的基本结构和功能,强调产品的功能和信息架构,而不是视觉设计。

❖ 实训重点

1. 产品结构图和流程图的分析
2. 低保真原型图的制作

❖ 实训目标

1. 团队协作能力的提升
2. 逻辑思维能力的提升
3. 从流程图到原型图的转换

❖ 实训要求

1. 能够使用协作方式提高设计效率
2. 能够清晰描述产品逻辑关系
3. 具备绘制低保真原型图的能力

❖ 阶段作业

每个团队提交完成项目结构图、流程图和低保真原型图。每位团队成员完成团队分配的相关任务,每位成员都必须参与到低保真原型图制作中,由团队项目负责人记录团队成员任务分配与完成情况文档。

5.2.1 产品结构图和流程图的分析

产品结构图是把产品功能按照模块进行拆分、归类，用图表展示出来，是对整个产品功能点的梳理，强调的是功能。绘制产品结构图能对产品各主要功能逻辑做到一目了然，更加明确地体现内部组织关系与内部逻辑关系，做到规范各自功能部分，使之条理化。这种对产品本身有一个整体且全局的认识是开发工期预估的一个重要参考。

产品结构图整理的过程就是分析、梳理的过程，它可以帮助团队防止在众多需求转化为功能的过程中出现功能模块和功能点缺失的问题。绘制结构图的方式并不局限，不同的团队可能会有不同绘制方法，没有标准方式，既可以使用手绘草图（图5-9），也可以使用软件绘制（图5-10），结构图是团队协作的重要参考，需要做到清晰合理，使每位成员都能够快速理解。

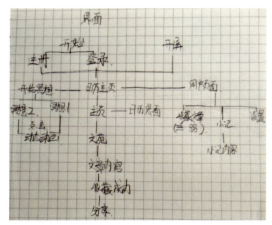 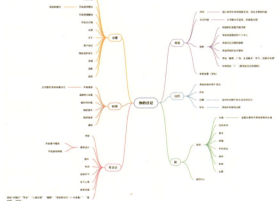

图 5-9 《秘境》App 产品结构图 / 学生作品　　图 5-10 《你的日记》App 产品结构图 / 学生作品

流程图则是模块的所有功能之间流向关系的表达。流程图强调的是功能之间的逻辑和因果关系，尤其是核心功能的整个流转过程是什么样的。其可以展示出每一个页面的功能和展示字段，体现页面跳转逻辑。可以说流程图是一个原型替代品，方便团队在工作流初期进行各种讨论和修改。使用流程图比抽象的文字描述更能表达业务逻辑，更能提高团队工作效率、重组优化流程。

流程图需要确保团队的每个人清楚需求的内容，了解清楚需求的背景，基于用户访问路径，尽可能细化异常场景，最后确保业务流程能够走通，使流程图并尽可能涵盖子流程节点。

以学生作品《唯安陪伴》App 为例，这是一款针对老年人医疗陪伴服务的 App，图 5-11 展示了整体产品的框架结构，包含了主要 Tab 标签的功能，以及标签下第二层级和第三层级的重要功能。图 5-12 则是将预设的高频功能——"半天陪诊"提取出来，理清楚这个主要功能怎么实现和流转的。流程图是信息结构的下一步工作，也是低保证原型图的基础，流程图展示过程中，设计团队可以清晰地审视每一个模块是否有遗漏，也非常方便了解功能的使用逻辑。

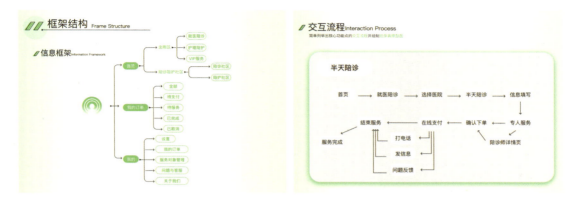

图 5-11 《唯安陪伴》App 产品结构图 / 学生作品　　　　图 5-12 《唯安陪伴》App "半天陪诊"
　　　　　　　　　　　　　　　　　　　　　　　　　　　　　　　功能流程图 / 学生作品

绘制产品结构图和流程图并不复杂，但逻辑思路要清晰，绘制时只需要按照每个团队的磨合方式和习惯去尽量让每一个图表、每一处表达都能够清楚地发挥其作用即可。当绘制完产品结构图和流程图之后，团队要做的便是将模块页面化。

5.2.2　低保真原型图的制作

原型根据外观和功能有不同程度的保真度。低保真原型图是一种初步的、功能性的设计草图，与结构图、流程图不同的是，它通常使用简单的工具或手绘来表示产品页面的基本布局和功能，只用保持简练和单色，只用突出框架和功能，不用色彩丰富绚烂，不用太多的可视化元素。这种原型图的目的是进一步验证功能与流程，同时展示想法和页面内容，以此得到反馈并改进产品。

常用的低保真原型图制作方式有两种，一种是纸面原型，也就是手绘方式，通过纸张和简单的绘图工具快速创建（图 5-13），这是一种非常基础的原型形式，主要用于概念验证和初步的功能测试。

图 5-13　手绘低保真原型图

另外一种是计算机辅助二维设计原型，利用计算机辅助设计软件创建的二维设计图（图5-14），用于展示产品的基本结构和设计概念。

图 5-14　软件绘制低保真原型图

在团队协作过程中可以先使用手绘方式快速出图，方便团队内部沟通，在手绘基础上进一步完成电脑软件的低保真原型图（图 5-15）。绘制低保真原型图的软件工具有很多，除了本书 1.4 中提及的 UI 设计工具，PPT、Photoshop 等都可以绘制低保真原型图，我们对软件不做要求，但需要提及的是，UI 设计软件相对来说更加高效，并且在页面逻辑关系上也可以进行快速标注，在团队合作上非常方便。

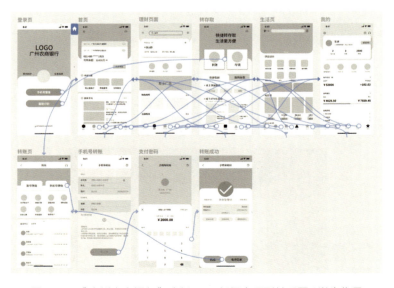

图 5-15　《广州农商银行》改版 App 低保真原型关系图 / 学生作品

5.3 实训三——可用性测试

❖ 实训内容

根据项目的低保真原型进行设计阶段的可用性测试，选高频任务编写真实的任务场景，测试用户不少于2人，建议4~5人。测试过程中录屏，避免交流，禁止引导。测试一位用户时，其他用户不参与、不旁观、不干扰。测试后进行内容分析并进一步优化原型。

❖ 实训重点

1. 定义项目的可用性
2. 可用性测试步骤

❖ 实训目标

1. 具备以用户为中心的设计思维
2. 提升观察和分析用户的能力
3. 提升确定需求的能力

❖ 实训要求

1. 能够面对问题分析问题
2. 能够根据测试反馈改进方案

❖ 阶段作业

每个团队进行测试方案设计，并完成本项目的第一次可用性测试，将测试结果进行分析，针对问题进行原型内容调整。每位成员参与到团队沟通，针对原型分析结论并提出意见，由团队项目负责人整合测试总体完成情况文档。

5.3.1 定义项目的可用性

完成低保真原型后，需要安排用户测试，也是设计阶段的第一次测试——可用性测试（图5-16、图5-17）。这是一种以低成本、高效率的产品测试方法，通过邀请真实用户使用设计原型，对其在使用过程中的行为进行观察、记录、测量和访谈，测试用户对产品的反应和体验，进而了解用户对产品的要求和需要，以发现和解决设计中的问题。

当团队成员对原型持有不同意见，或者遇到"这个功能是否保留？""这个界面怎么取舍？"之类的情况时，可用性测试就尤为重要。

我们该如何为项目的可用性进行定义呢？

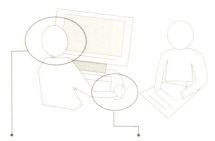

通过观察有代表性的用户，完成产品的典型任务，而界定出可用性问题并解决这些问题，目的是让产品用起来更容易

图5-16　PC端可用性测试示意图

图5-17　移动端可用性测试示意图

如图 5-18 所示，根据目标的完成过程将可用性分为了可用、易用和好用三种可用程度。当测试过程仅仅是完成了目标，那么只具备有效性，此项目原型在可用性上界定为“可用”，如果用户能够快速完成目标，说明具备较高效率，达到了“易用”，在此基础上用户体验非常愉悦，满意度高，那么即满足了“好用”的标准。

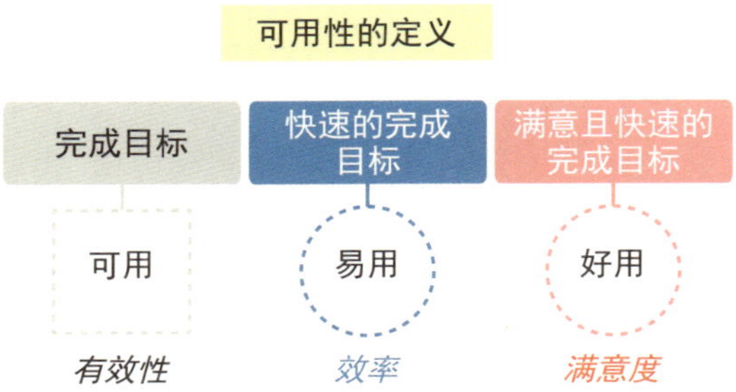

图 5-18　可用性的定义

5.3.2　可用性测试步骤

如图 5-19 所示，可用性测试步骤包括了明确目的、编写大纲、准备原型、招募用户执行测试、分析报告、报告呈现等步骤，初学者对可用性测试接触较少，需要注意以下事项。

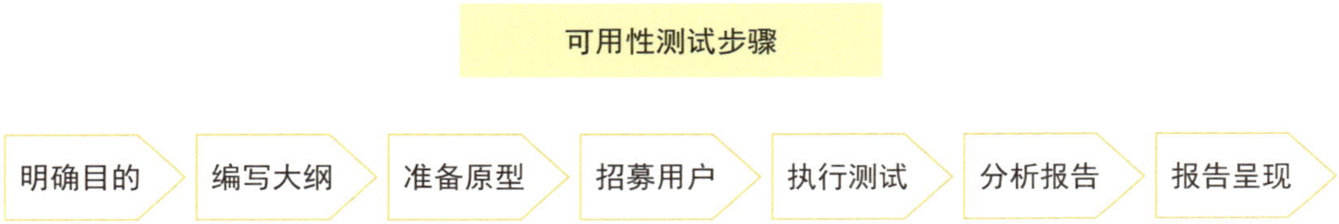

图 5-19　可用性测试的步骤

（1）测试目的明确

测试需要明确所要测试的原型具体功能和特性，本次实训要求以项目主题的核心任务作为测试目标，根据用户的需求和预期来设定测试标准。

（2）测试大纲完善

测试大纲的格式可以参考图 5-20，大纲中需要记录任务内容、用户操作时长等，还需要预设用户每一步的操作步骤，记录其完成情况。有时候团队预设的路径和用户的操作路径非常不一致，或者时长相差比较大，这就需要留意。比如图 5-21 中所记录任务为“在 App 首页查找广州南站”过程，从用户操作路径上能够看出，用户进入页面后并未沿着设计者预设的那样顺利点击地图标签，

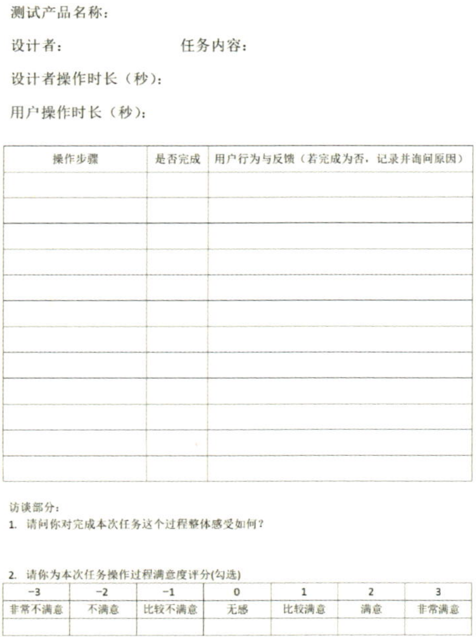
测试产品名称：

设计者：　　　　　　任务内容：

设计者操作时长（秒）：

用户操作时长（秒）：

操作步骤	是否完成	用户行为与反馈（若完成为否，记录并询问原因）

访谈部分：

1. 请问你对完成本次任务这个过程整体感受如何？

2. 请你为本次任务操作过程满意度评分(勾选)

-3	-2	-1	0	1	2	3
非常不满意	不满意	比较不满意	无感	比较满意	满意	非常满意

图 5-20　可用性大纲示例

而是进入到了搜索，因此总体用时比预设多了一倍的时间，走了"弯路"，这类情况就需要在后期测试总结中提出，分析原因并改进设计。

任务目标：请您在 App 首页查找"广州南站"地图

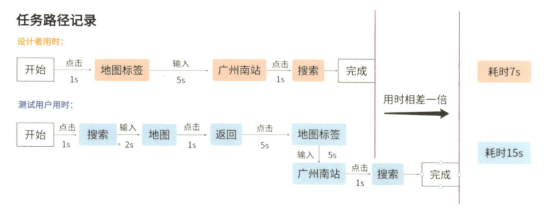

图 5-21　可用性测试用时对比

（3）招募典型用户

尽量挑选一些典型的用户，代表目标用户群体。有时候项目命题目标用户比较难找到，可以寻找类似特征用户替代。

（4）测试核心任务功能

执行测试的过程尽可能对核心任务的各项功能进行测试，并记录每个测试用例的结果。可以使用录屏软件或截图工具来记录测试过程。

（5）整理分析报告

分析报告是对测试结果进行分析和整理，查找并总结出存在的问题，如功能缺陷、用户界面设计不合理、加载速度慢等，也可以在个别功能中标注出用户的正向反馈（图 5-22）。

图 5-22　可用性测试不同反馈

除此之外，还需要分析的其他内容可以参考图 5-23，通过相关内容的分析，达到进一步界定优先级、优化原型和提高用户体验的目的。

分析哪些内容？

- 任务完成结果：成功率、失败率、有效性
- 任务完成时间：时间对比、效率
- 任务完成路径：步骤对比，是否符合标准路径是否做了无效操作，痛点分析
- 难易度评价、满意度评价、需求度评价
- 界定问题优先级
- 进一步优化原型

图 5-23　可用性测试内容分析

5.4　实训四——高保真原型图制作与视觉规范制定

❖ 实训内容

　　每个团队优化低保真原型，在此基础上完成高保真原型的设计，同时进行项目界面视觉规范的制定。保证作品能够快速地让用户理解当前的界面，另外视觉规范内容应该包含色彩、文字、图标、图片等，保证界面视觉规范的高度一致性，且能够在团队协同过程中提高设计效率。

❖ 实训重点

　　1. 低保真原型图优化分析
　　2. 视觉规范的制定

❖ 实训目标

　　1. 团队协作能力的进一步提升
　　2. 具备界面视觉规范制定的能力
　　3. 具备从低保真到高保真原型图的设计转换能力

❖ 实训要求

　　1. 能够使用协作方式进一步提高设计效率
　　2. 能够掌握界面视觉规范制定方法
　　3. 能够理解界面视觉规范的重要性

❖ 阶段作业

　　每个团队提交完成的高保真原型图和界面视觉规范。每位成员完成团队分配的相关任务，每位成员都必须参与到高保真原型图制作中，由团队项目负责人记录团队成员任务分配与完成情况文档。

5.4.1 低保真原型图优化分析

低保真原型图优化环节介于可用性测试完成和高保真原型图制作前，也是低保真原型图过渡到高保真原型图的重要的任务（图 5-24）。现以常见的几个问题进行举例，分析在原型图优化过程中需要注意的事项。

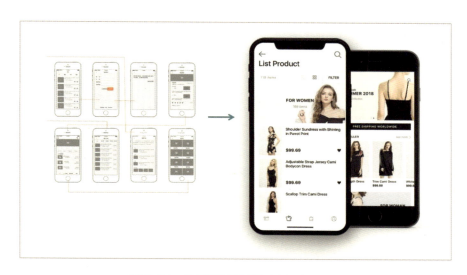

图 5-24 从低保真原型图到高保真原型图

问题一：低保真原型图页面未被用户快速了解和信任、低耗感知与接收。

以图 5-25 为例，这是学生团队所做的书籍类 App 的低保真原型图的设计，该产品的核心功能为二手书交易转卖，为了提升用户黏性，加入了在线阅读功能。左侧改版前的页面从整体上看，并不能很好地提升转化率，原因在于没有提供足够的信息赢得用户信任，反观右侧优化后，充分利用了"公益""排行"等方式提升用户信任度，从而提高转化率。另外，改版前右上角的图标并不是用户常用图标，用户在此处产生的疑问，会降低耐心，影响对产品的使用体验。最后，该 App 有二手转卖的功能，但上传按钮缺失，以上一些问题都是优化需要解决的问题。

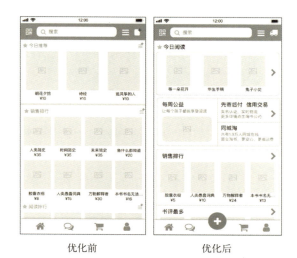

图 5-25 《书虫》App 低保真原型 / 学生作品

图 5-26 《吃啥》App
低保真原型 / 学生作品

问题二：低保真原型图页面没有安排好"装饰"与"信息"之间的关系。

图 5-26 所示 App 项目名称为《吃啥》，体量较小，核心功能也比较单———随机推送餐饮店铺，但在首页上所示信息不清晰，条理不清楚，阅读起来很困难，反而背景的装饰图片成为了视觉重点。这款的优化需要较大改动。

处理不好"装饰"与"信息"之间的关系是很多初学者会出现的问题，要特别留意，以用户的角度去看，"装饰"是否需要成为"第一位"。

问题三：低保真原型图布局不合理，操作不方便。

在手机持机习惯中，大拇指可以轻松操控的屏幕区域被认为是"舒适触摸区"，也有人称之为"热区"，是最便捷的区域，将常用操作控件放在舒适触摸区中会提升用户使用体验（图 5-27）。

如图 5-28 所示是学生作品《英悦》，一款音频类 App，最高频最常用的播放按键被放置在了屏幕正中心，如果是现代大屏手机，该按键就不在手指舒适区，因此布局需要进一步优化。

图 5-27　手指触摸区域影响操作交互体验

图 5-28 《英悦》App
低保真原型 / 学生作品

5.4.2　视觉规范的制定

视觉规范的制定首先需要明确是给谁看、给谁用的，项目规模不同，视觉规范的做法也不同。很多时候视觉规范的作用是服务于团队，方便沟通，本次实训中的视觉规范是对 App 产品制定视觉方面的规范，包括色彩、字体、图标、布局等元素，也就是把常用的内容统一化、规范化,以便团队成员需要的时候能够快速找到。一套统一的设计原则和标准能够保证最终输出作品的一致性,方便成员快速构建和维护界面,需要的时候直接调用,这样能够真正地提高工作效率、节省团队时间。

建议视觉规范在原型主界面完成后再制作,如果在此之前就去着手视觉规范,容易出

图 5-29　建议优先确定的视觉规范内容

现规范适应性差,后续页面使用不了的情况。在视觉规范中,有些内容需要优先确定,如图 5-29 所示,包括尺寸、文字、色彩图标、间距、按钮、图片等。

(1) 尺寸

当团队成员进入协同合作的阶段时,统一设计尺寸就很有必要,考虑到不同设备的适配性,设计尺寸应尽量能够覆盖主流设备,如 750×1334 像素(2 倍率)可以适配不同分辨率的屏幕。

(2) 文字

文字应选择应用程序中使用的字体。确保字体清晰易读,并在不同设备上保持一致。文字的字号、字体和使用场景需要具体描述,不同的内容对应的字号不同(图 5-30)。

等级	样式	字号	使用场景
重要	文字	36px	Titile标题、顶部导航栏
一般	文字	30px	主要文字、Feed标题
较弱	文字	22px	注释文字

图 5-30　文字规范示例

(3) 色彩

色彩规范同样需要标注好色值与使用场景。除了确定主色、辅助色、点缀色外还需要确定基础文字颜色、背景色、分割线颜色等全局用色,确保色彩的选择符合产品特性,尤其是所定主色能够正确传达品牌形象。一套有效色彩规范的构建应避免个人设计偏好与主观想法,尽量通过理性有逻辑的流程来制定(图 5-31)。

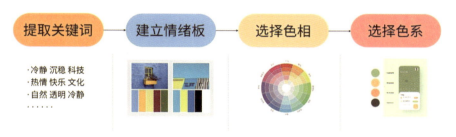

图 5-31　色彩规范的建立

（4）图标

图标规范主要包括尺寸和设计形式。建议先定好不同类型的图标尺寸，比如导航图标、金刚区图标、个人中心图标等。图标尺寸标准不要过多，以两种为宜。设计形式上需要在使用时保持相同的风格、颜色、大小等，注意统一性和可读性，避免出现含义不明确的图标（图 5-32）。另外图标可以在后续团队合作中继续精细化设计改进，因此前期规范的制定以效率为先。

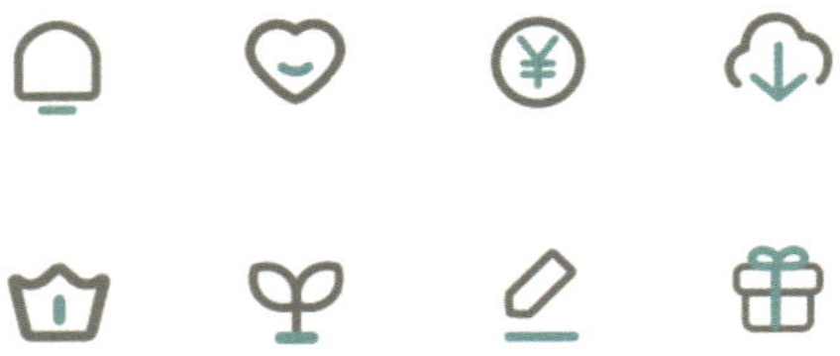

图 5-32　含义不明确的图标

（5）间距

间距不一致是初学者在页面设计时比较常出现的问题。间距规范主要包括页边距、模块之间的间距、文字的字间距和行间距（图 5-33）。全局的间距需要一致。

实践中对于页面内容和屏幕间的间距，常用的是 30px、24px、20px 等等。30px 的以 iOS 的页面为例，24px 以支付宝为例，20px 的以微信页面为例，有的产品信息密度高，也可以使用 18px、16px。模块间距先要确定分割方式，常用的分割方式有线分割、面分割和留白。确定好分割方式后还需确定模块内部分割方式。文字的字间距和行间距也需要在规范中标清楚。

图 5-33　页面中的间距

（6）按钮

按钮规范包括尺寸和状态（常态、点击态、不可点击）。尺寸上可以先定长、中、短三个按钮尺寸（图 5-34）。

图 5-34　按钮规范示例

（7）图片

根据 App 的设计需求，确定图片的尺寸和比例。常见的比例包括 1∶1、2∶1、4∶3 等。对于头像或产品图，需要明确不同页面、列表或模块中的尺寸，并注明圆角尺寸（图 5-35）。另外图片应遵循统一的设计风格，无论是线条、颜色还是图标风格，都应保持一致。

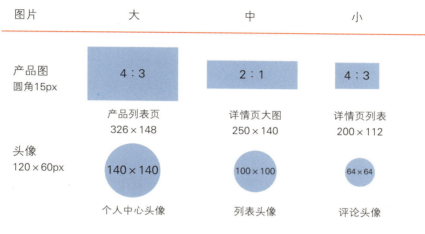

图 5-35　图片规范示例

5.5　实训五——界面交互动效

◆ 实训内容

项目团队进行 App 高保真界面的动效制作，保证最终动效作品能够让用户清晰、完整地理解 App 主界面或核心功能相关界面间的操作流程。

◆ 实训重点

交互动效的应用

◆ 实训目标

1. 团队协作能力的进一步提升
2. 具备初级动效制作的能力
3. 具备交互流程的动态展示能力

◆ 实训要求

1. 能够使用协作方式进一步提高设计效率
2. 能够使用软件完成界面交互动效制作
3. 能够理解不同动效的适用场景

◆ 阶段作业

每个团队完成项目主界面或核心功能相关界面的动态链接，要求作品能够在手机预览操作，并完成交互动态效果视频。使用软件不限，动态效果制作推荐 Protopie、Principle，视频生成推荐使用 Adobe After Effects。

交互动态效果能够吸引用户的注意力，提升用户体验。通过流畅的动画和过渡效果，可以引导用户理解应用的结构和功能，使界面更加直观易用。但是交互动效设计不是具体的需求设计，不能对产品本身产生很大的变化和改进，只是能在设计层面和体验层面为用户创造价值。所以在做相关设计的时候，注意引导团队不可为做动效而做动效，要把握住动效的尺度，不要把重点放在做出"炫酷"的效果上，而是需要使动效服务于具体的需求和场景。

如果项目主题界面的设计庞大复杂，建议其动效应该轻量简洁。反之如果App功能简单，其动效则可以适度丰富，形成与App相符合的动效风格。

对于团队来说，这个阶段完成的首要任务是将上阶段的高保真页面链接，让独立的静态页面转换成可操作、可跳转的动态链接，这个部分软件难度不高，像Figma、即时设计等都可以快速方便地设置热区并建立页面跳转（图5-36），非常方便，并且可以实现预览（图5-37）。

图 5-36　Figma 建立页面跳转

图 5-37　Figma 页面跳转预览

值得一提的是，Figma 和即时设计是主要做静态界面的软件。如图 5-38 所示，是 Figma 可选页面跳转交互方式，如图 5-39 所示是 Protopie 页面跳转交互方式，相比之下可以看出，后者选择更多，也更丰富。如果需要更复杂的跳转方式，可以先完成静态页面制作，再导入 Protopie 进行页面动态制作。

图 5-38　Figma 可选页面跳转交互方式

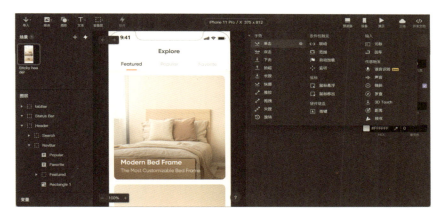

图 5-39　Protopie 页面跳转交互方式

除了页面的交互动态链接，还有页面中元素的动态效果制作，其常用在页面适合的场景中，但这部分内容不做硬性要求。

（1）加载动效

这类动效旨在减少用户对等待时间的感知，同时传达加载过程中的状态和进度。增强用户对应用程序的互动（图 5-40）。

图 5-40　加载动效

（2）刷新动效

常用于指示用户正在进行刷新操作，并传达刷新过程中的状态和进度。刷新交互动效的设计旨在提供清晰的反馈，让用户知道刷新操作正在进行中（图 5-41）。

图 5-41　刷新动效

（3）转场动效

这类动效表现在平滑地过渡，比如为从一个视图到另一个视图提供流畅的用户体验（图 5-42）。

图 5-42　转场动效

本次实训中，交互动态效果视频是以视频的方式进行展演，通过视频动态展示对页面的层级关系、页面功能和内容进行演绎。图 5-43 是学生团队完成的广州农商银行 App 升级版的最终视频效果截图，视频对 Tab 栏中的五个二级界面进行了展示，让用户在短时间内明白银行中常用功能的操作流程，对 App 的设计一目了然。有的初学者软件基础薄弱，Adobe After Effects 软件短时间内不易上手，因此也可以采用剪映等较为简单的软件来完成。

图 5-43 《广州农商银行》App 改版交互动效视频展示 / 学生作品

总结回顾

本章主要介绍了 App UI 设计的五个实训内容,包括项目准备与功能规划,结构图、流程图与低保真原型图制作,可用性测试,高保真原型图与视觉规范制定,界面交互动效,并对其中的重点难点进行详细的讲解,希望能够通过渐进的训练,帮助初学者完成 App UI 设计知识的内化,并且建立团队意识,使团队成员在项目中协作配合,培养全局意识,让成员从整体角度考虑 App 产品的设计,提高为决策提供依据的能力,也希望增强数字产品设计中的逻辑思维能力,确保 App 设计符合用户需求和市场趋势。

课后实践

将本次实训过程进行整合设计,完成个人与团队的设计报告。

6

App UI 案例赏析

案例赏析可以作为设计实践的参考，帮助设计师在设计过程中做出更明智的决策，优秀的 App UI 案例能够让设计师直观地理解设计原则、掌握视觉层次、学习用户体验、启发创意思维并且了解行业趋势。本章希望通过对不同类别且具有代表性的 App 的分析，帮助初学者理解设计理论，提升实践技能和创新能力。

| 学习目标 |

1. 进一步理解 App UI 设计原则
2. 提升审美能力且能够识别并欣赏优秀设计
3. 能够为职业实践做好准备

6.1 文化类 App UI 设计

文化类 App（含小程序）是一类专注于传递和弘扬文化内容的移动应用程序，其主要目的是通过数字化手段展示、传播传统或现代文化，涵盖文学、艺术、历史、民俗等多个领域。文化类 App 的用户群体一般会对特定的文化背景、艺术形式或知识有兴趣，因此这些应用程序的设计和功能往往围绕着文化体验进行展开，比较常见的类型有数字博物馆类、文化教育类、语言类等。

6.1.1 三星堆博物馆小程序

三星堆博物馆小程序是一个为游客提供全方位服务的数字化平台，旨在帮助游客便捷地游览三星堆博物馆，更好地理解三星堆独特文化和深入地挖掘感兴趣的文物内涵。三星堆博物馆的界面设计结合了中国传统文化元素与现代数字交互技术，成功将考古文化展示与用户体验相融合。设计方面注重传递文化价值和历史信息，突出视觉美感和沉浸式体验。

如图 6-1 所示，界面首页是一个大型的横幅图像，展示三星堆的特色文物，如青铜神树、黄金面具等，吸引用户的视觉注意力，邀请用户进一步探索。

图 6-1　三星堆博物馆小程序重要标签页

色彩设计上，三星堆博物馆小程序巧妙地融合了古代文化色彩与现代设计风格。主色调采用古蜀文化中的青铜色、土黄色、绿色等经典的代表性颜色，传递给用户历史的厚重感，很好地增强了视觉识别性。在重要图标和文字上则采用了明黄色与白色字体，一方面增强图标与文字的识别性，另一方面保证整体界面设计的协调。

图标设计上，具有极强的文化意味。功能图标和导航图标借用了三星堆文物中常见视觉符号，如人面像、神树、青铜面具等，二次创作后利用明黄色细线进行勾勒，在这个基础上填充明黄色色块变为点击态的设计，简洁而不失个性，具备强烈的视觉特色。界面装饰性的图形元素也较多运用了三星堆遗址中的典型符号和纹样，很好地呼应了项目主题。

字体设计上，主要标题字和重要信息展示部分选择了具有古典气息的衬线字体突出历史的沉淀感。辅助类信息选择常规思源黑体保证了文字的流畅和可读性。不同字体的搭配使界面设计很好地融合了历史与现代的风格。

在这个案例中，设计师在处理较多的信息时，并没有使用常见的线条或者矩形框来对信息进行整理和分组，而是在这些信息组之间，加大了行距。如图 6-2 所示，"世纪逐梦""天地人神"和"祭祀台"的信息组的间隔是拉宽的。这可以帮助用户在阅读时进行信息分组，不会影响用户的判断。

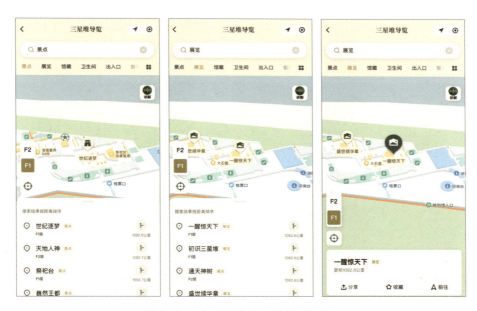

图 6-2　三星堆博物馆小程序导览界面

界面排版上，文字区域的占比较小，而文物的图片占比更大。易读的基础上也能把重点聚焦于展品，同时增加了用户在操作过程中的趣味性和接纳度（图 6-3）。

三星堆博物馆小程序较为受欢迎的地方是通过现代化的交互设计手段增强了用户的参与感，主要包括 3D 文物展示、AR 互动等功能。这些交互设计让用户能够更加直观地欣赏到三星堆的文物细节。如图 6-4 所示的三星堆 3D 文物展示，用户可以通过滑动或旋转的手势，360 度无死角地观察文物，增强了沉浸式的文化体验。另外，使用过程中的微动效也很加分，比如页面切换时的淡入淡出效果，图片加载时的缓慢展现，让用户的使用过程更加流畅和富有节奏感。

图6-3 三星堆博物馆小程序鉴赏界面1

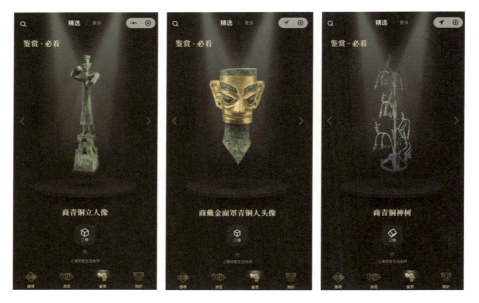

图6-4 三星堆博物馆小程序鉴赏界面2

6.1.2 山西文物数字博物馆小程序

  山西文物数字博物馆小程序也是一款基于微信平台的数字化展示产品，专门为用户提供山西省内丰富的文物资源的线上参观和互动体验，如图6-5所示。通过该小程序，用户可以随时随地在线欣赏山西省的历史文物，探索丰富的文化背景和历史故事。界面巧妙地将中国传统美学与当代设计理念融为一体，背景以中国山水画、书法字体和古代建筑为主，所选取的元素均为山西文物特色元素，营造出浓厚的历史文化底蕴。色彩以黄色系为主，文字与图标也选用了同一色系的类似色，让整体画面更融合。

图6-5　山西文物数字博物馆小程序推荐界面

这款产品的设计特点在于设计师使用了大面积的山水画和色块，同时也考虑到了文字的协调性，在一些图标按钮中使用方正的字体，并搭配特殊的矩形框，让整体的界面排版更和谐，达到"紧"和"松"的平衡，另一方面，也能帮助用户在使用过程中在较为花哨的背景下迅速锁定按钮位置，提高用户的使用效率。

如图6-6所示，下方"导览"的图标也是同样借用了山西文物中的经典元素，另外，利用古代器物搭配文字作为按钮，也是一种新颖的设计方式。当用户在翻阅界面时，可以直观地了解到该选项的内容，如"绘画"的选项按钮，直接以山水画进行搭配，让用户一目了然。

导航方面该小程序采用了卡片式设计和分级导航，帮助用户轻松浏览各类文物。用户可以看到每个文物单独展示的卡片，包含图片、文物名称和简介，用户点击卡片可以进入详情页面。分级导航主要表现为文物按分类展示，例如按时间段（如唐朝、宋朝）或文物种类（如青铜器、陶器）进行分类，使用户能够快速定位自己感兴趣的内容。同时，页面中出现了产品自创IP吉祥物（图6-7），这个IP吉祥物充当了向导的功能窗口，位置在首页的右下角，并不会占据大面积空间，用户可以通过这个IP吉祥物来辅助操作，提高产品易用性。

App UI 设计

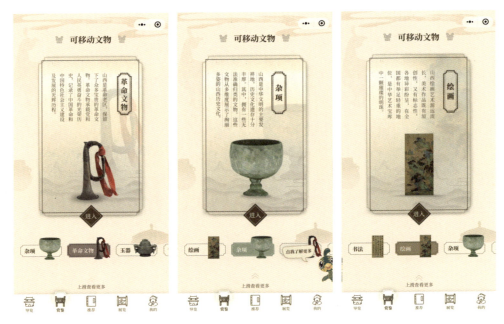

图 6-6　山西文物数字博物馆小程序赏鉴界面

图 6-7　山西文物数字博物馆小程序导览界面

如图 6-8 所示，推荐的页面用动态插画的形式展现山西的古建筑，使用了上下淡出淡入的效果，让页面更有灵动性，同时也能将山西文化的多样性展现出来，可以说是本产品的一大亮点。

图 6-8　山西文物数字博物馆小程序推荐与展览界面

6.1.3　微信读书小程序

微信读书小程序是基于微信平台的官方阅读应用，涵盖了各种类型的书籍，包括经典文学名著、热门小说、历史传记、科幻奇幻、经济管理、心理自助等，满足了不同用户群体的阅读需求。除了传统的文字书籍外，还提供了有声读物资源，用户可以在不方便阅读的时候选择听书，如在通勤路上、做家务时等，充分利用碎片化时间。

微信读书小程序通过合理的排版和分组，将不同的内容和功能进行区分，使界面层次更加分明，如图 6-9 所示。例如在书架页面，书籍封面以整齐的网格形式排列，用户可以一目了然地看到自己的藏书；而在书籍阅读页面，文字内容占据主要区域，相关的操作按钮和功能菜单则以简洁的图标形式分布在页面边缘，既不影响阅读，又方便用户随时进行操作，如调整字体、亮度、进度等。这种层次分明的设计提高了用户的阅读体验和操作效率。

其整体界面布局简洁，没有复杂的元素和冗余的信息，让用户能够专注于阅读本身。首页以简洁的图标和文字清晰地展示了各个主要功能模块，如书架、书城、发现等，用户可以快速找到自己需要的功能，操作起来非常方便（图 6-10）。

图 6-9 微信读书小程序界面展示 1

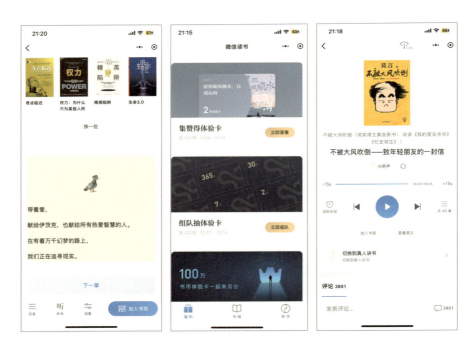

图 6-10 微信读书小程序界面展示 2

在视觉上，采用了简洁清新的色彩方案，以白色为底色，搭配黑色或深灰色的文字，形成了高对比度的视觉效果，使文字清晰易读，长时间阅读也不会给用户造成视觉疲劳。同时，在一些重要的元素和操作按钮上，使用了浅色系的彩色图标进行点缀，如绿色的阅读进度条、蓝色的评论图标等，既增加了界面的趣味性和活力，又不会过于刺眼，保持了整体视觉的舒适性（图 6-11）。

图 6-11　微信读书小程序模块界面

小程序中的图标设计简洁明了，采用了扁平化的风格，线条简洁流畅，图形表意清晰，用户可以一眼看出图标的含义和对应的功能。例如，书架图标就是一个简单的书架形状，书城图标则是一本打开的书，这些直观的图标设计降低了用户的学习成本，即使是初次使用的用户也能快速理解和上手。

微信读书小程序的交互设计非常注重用户的操作体验，提供了丰富而便捷的交互方式。例如，用户可以通过点击、滑动、长按等手势来进行各种操作，如翻页、调整字体大小、添加书签等，这些手势操作简单自然，符合用户的使用习惯，让用户能够更加轻松地与界面进行交互。同时，在一些操作上还提供了相应的动画效果和反馈，如点击按钮时会有短暂的变色或震动反馈，让用户能够明确自己的操作是否成功，增强了交互的流畅性和趣味性。

6.1.4　长相思 App

长相思作为一款诗词学习 App，其界面设计旨在为学生和有自我提升需求的用户提供一个优雅、便捷的学习环境。以古色古香的界面风格，结合中国水墨风动画，将古诗词的场景进行搭建，给用户营造一个身临其境的使用氛围。

如图 6-12 所示，用户首次进入该 App 时，引导页动画简明扼要地介绍了该 App 的定位和主题，水墨风动画相比静态图片更吸引年轻用户，可以很好地让用户感知产品特性。

图 6-12　长相思 App 引导页

如图 6-13 所示,进入到主页后,映入眼帘的是一张可移动的全景古风人物群像画,包括李清照、杜甫、屈原等名人。主页面里的名人头像可以直接点击,跳转到相对应的古诗词介绍,这样的设计让用户能够快速找到热门的名人及对应的诗词和文言文,具有较强的趣味性。

图 6-13　长相思 App 主页

该 App 的插画设计保持一贯的国漫风格,从整体的人物角色塑造到细节的造型设计,有着强烈的产品特征。从图标到插画都融入了中国传统文化元素,营造古代文人墨客的学习氛围(图 6-14、图 6-15)。

图 6-14　长相思 App 界面二级页面

图 6-15　长相思 App 界面三级页面

　　文化类 App 的价值体现在三个方面，一是文化传播与保护功能，帮助传统文化走向数字化，延续和推广非物质文化遗产。二是教育功能，通过有趣、互动的方式提升用户的文化知识水平，特别是对年轻人有较强吸引力。三是文化体验功能，通过数字技术，用户可以在线上体验到丰富的文化内容，如虚拟展览、艺术鉴赏等。

6.2 电商类 App UI 设计

电商类产品是现代在线购物平台的重要组成部分，旨在高效为用户提供便捷的购物体验。其结合了互联网技术与商业需求，帮助用户完成商品浏览、选择、支付等一系列购物流程。基于特定场景与需求对应用程序进行分类，一般可分为外卖点单类、票务服务类、综合电商类等。

6.2.1 宜家 App

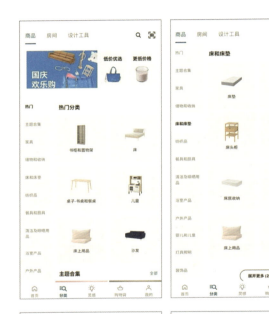
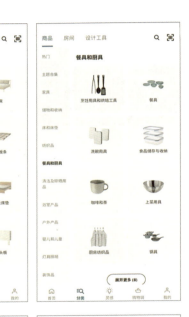

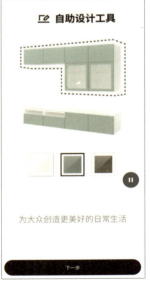

图 6-16 宜家 App 界面风格

宜家（ikea）App 是瑞典家具公司宜家家居推出的官方应用，用户可以通过该 App 浏览和购买宜家商品、了解家居设计灵感以及管理个人购物清单。宜家 App 结合了线上购物、实体店导航和 AR 虚拟体验，帮助用户在移动端进行更便捷的家居购物。

宜家 App 的设计延续了品牌一贯的简洁风格，主要以白色为背景色，品牌蓝色为主色，品牌黄色为点缀色进行色彩搭配，整个界面设计为极简风格，避免了过多的装饰元素，突出了内容本身，这也与宜家的产品注重设计美感，旨在为顾客提供既实用又好看的家具和家居用品的理念一致。简洁的布局让用户能够快速找到所需的产品或信息，同时也减少了认知负担（图 6-16）。

如图 6-17 所示，宜家 App 的导航设计采用了底部导航栏，将"首页""分类""灵感""购物袋"和"我的"五大主要功能分布在底部。搜索功能是用户高频使用功能，放置了在"首页"的最重要的信息展示位置，用户可以通过关键词快速找到所需的商品。在"购物袋"这个功能命名设定的，设计师没有使用常规的"购物车"等图标或命名，而是采用宜家实体店里经典的宜家购物袋造型进行简化设计，加强用户对宜家品牌的认知。

图 6-17　宜家 App 主要底部标签

宜家 App 展示页面采用了大尺寸的图片，如图 6-18 所示，匹配清晰的产品标题和价格，用户可以仔细观察商品的样式和功能。在滚动浏览的过程中，页面加载迅速且布局保持一致，用户体验十分流畅。同时，图片和商品信息有明确的间隔，避免信息拥挤，确保了阅读的舒适度。

图 6-18　宜家 App 界面产品展示布局

6.2.2　怂火锅点餐小程序

怂火锅点餐小程序是一款为怂火锅品牌提供的在线服务平台,用户可以通过微信小程序实现线上排号、点餐和了解餐厅信息等功能。此类小程序通常结合线下场景,旨在为用户提供便利的服务。

怂火锅小程序的整体界面设计以传递年轻、个性化的品牌调性为目标。主色调采用橙红色和黑色,橙红色象征火锅的热情、火热,当用户进入火锅店时,大面积橙红色会给人以强烈的视觉感受,搭配手绘效果的绘制风格、个性化的字体设计,符合年轻用户的喜好,增强品牌识别度(图 6-19)。

6 App UI 案例赏析

图 6-19 怂火锅小程序首页与二级页面

在选择火锅锅底时（图 6-20），设计师选择了游戏性质的交互设计，用户在点击的过程可以完成对火锅俯视图的填充，并在完成后标注相关信息，这样一方面可以帮助用户进行再次确认，另一方面可以避免用户对图片产生疑问需要来回跳转页面进行图片对比，提高了用户的使用效率。

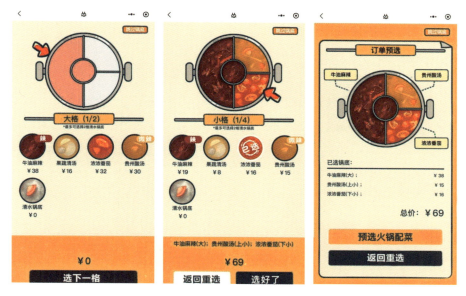

图 6-20 怂火锅小程序选择火锅锅底界面

在空状态页面中，产品用"猛男落泪"和"啥也没有"的趣味插画进行展示，这种细节的设计可以很好地强化怂火锅品牌调性（图 6-21）。

123

图 6-21 怂火锅小程序空状态页面

电商类 App 和小程序覆盖了购物、餐饮、服务等多种生活场景，为用户提供了便捷的商品浏览、选择和支付体验。无论是在线购物还是外卖点餐，它们都依赖于高效的交互设计、个性化推荐和物流服务，致力于让用户的购物体验更加美好。设计师在开发这些应用时，需要特别关注用户需求和使用场景的配置，提升整体使用体验。

6.3 视听类 App UI 设计

视听类 App 是指为用户提供视频、音频播放和相关功能的软件平台，用户可以通过这些 App 进行视频观看、音频播放、直播互动、内容制作等活动。随着内容消费模式的多样化，视听类 App 也衍生出了多种类型，覆盖了从影音娱乐到创作和学习的多个领域。

6.3.1 央视频 App

央视频 App 是中央广播电视总台基于 5G+4K/8K+AI 等新技术推出的综合性视听新媒体旗舰平台，也是中国首个国家级 5G 新媒体平台，于 2019 年 11 月 20 日正式上线。该 App 聚合了中央广播电视总台海量节目资源，涵盖新闻、体育、娱乐、教育、文化、科技等众多领域。不仅有《新闻联播》《动物世界》《天下足球》《航拍中国》《舌尖上的中国》等数不胜数的经典热播节目，还汇聚了央视及各地方卫视三十余个频道的电视节目直播，以及丰富的赛事和热点事件的实况报道。

央视频 App 设有央友圈作为内置的社区产品，支持用户加入各类兴趣圈子，发布图、文、视频帖子并与他人评论互动。此外，央视频 App 还具备账号认证、视频缓存、跳过片头片尾等实用功能，以及音频识别、AR 扫描等新颖的互动玩法，如图 6-22 所示。

图 6-22　央视频 App 首页界面

央视频 App 整体布局简洁明了，首页各功能板块划分清晰，如"电视""直播""推荐""我的"等主要板块一目了然，用户能够快速找到所需功能，降低了学习成本，提升了操作效率，符合大众的使用习惯。

在内容展示上，注重突出重点。例如在视频播放页面，视频画面占据主要位置，保证用户能够专注观看，而相关的操作按钮和信息提示则以简洁的方式分布在画面周围，既不影响观看体验，又能在需要时方便用户进行操作，如播放暂停按钮、进度条、音量调节等，层次分明，使用户能够轻松聚焦于核心内容。

图标设计简洁明了，采用扁平化的风格，线条简洁流畅，图形表意清晰，用户可以一眼看出图标的含义和对应的功能，如图 6-23 所示。例如"电视"图标就是一个简单的电视机形状，"直播"图标则是一个带有信号的摄像头，这些直观的图标设计降低了用户的学习成本，即使是初次使用的用户也能快速理解和上手，提高了用户的操作体验和效率。

同时，所有图标的设计风格都保持了高度的一致性，无论是形状、颜色还是线条的粗细等方面都协调统一，使界面看起来更加整洁、美观。这种统一的图标风格不仅提升了界面的整体品质感，还增强了用户对品牌的认知和记忆，让用户在使用过程中能够更加流畅地进行操作，不会因为图标风格的不一致而产生困惑或误操作。

App UI 设计

图 6-23 央视频 App 电视、直播、央友圈板块界面

6.3.2 波点音乐 App

波点音乐 App 是一款主打音乐社交与个性化推荐的音乐类产品，以简洁、纯粹、年轻化为设计理念，专注于提供沉浸式的听歌体验。它的主要特点包括个性化推荐、音乐可视化、MV 观看、社交等功能。波点音乐以"让每一个人都能发现好音乐"为使命，致力于为用户提供高度个性化的音乐收听环境。它注重用户的个人音乐喜好，通过智能算法推荐等方式，帮助用户挖掘出符合自己口味的歌曲，无论是流行、摇滚、民谣、古典还是电子音乐等各种风格，都能精准推送。

如图 6-24 所示，产品首页以模块化的方式呈现个性化推荐内容。每个卡片上都会有音乐的封面、标题和一些互动按钮。设计风格简洁，大小适中，能够在短时间内呈现丰富的音乐内容而不会显得空间拥挤。

波点音乐 App 的界面设计采用了年轻化、活泼的风格。整体色彩以明亮的色调为主，通常使用大胆的配色方案，例如鲜艳的紫色、蓝色、橙色等，给人一种轻松愉悦的感觉。这种色彩搭配吸引了年轻用户，符合其轻松社交和娱乐的定位。播放页面（图 6-25）是波点音乐的核心部分，它以全屏音乐封面为主导视觉，播放界面颜色会随着背景封面的色调的变化而自动调整，随着交互手势的上滑而变换的主色调很受年轻人欢迎，页面还融入了动态视觉效果，播放进度条会伴随着音乐节奏产生微动态。

图 6-24　波点音乐 App 首页

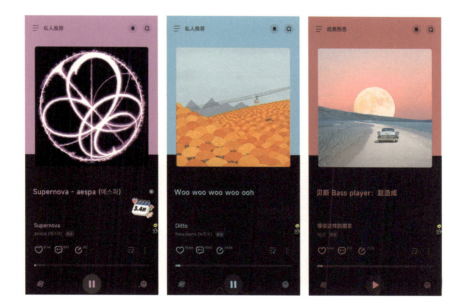

图 6-25　波点音乐 App 音乐播放页面

波点音乐 App 的导航图标具有轻快、俏皮的风格，图标设计符合整体的活泼基调。当用户点击图标时，色彩会随之更改（图 6-26）。在用户互动功能上，其与以往传统的音乐类 App 不同的是具有独特的用户互动体验。例如，用户可以对歌曲进行评论和分享自己的听歌感受，这些评论会以弹幕的形式出现在歌曲播放界面上，当用户收听同一首歌曲时，能够看到其他用户的实时评价和共鸣，增强了用户之间的音乐交流和互动感，仿佛大家在同一个虚拟的音乐空间里共同欣赏音乐。

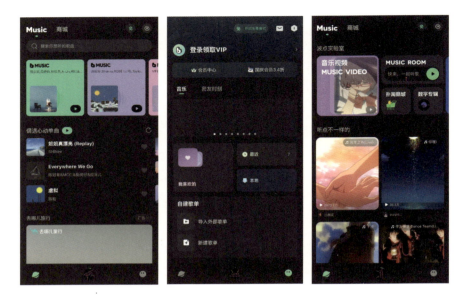

图 6-26　波点音乐 App 底部导航图标变化

波点音乐 App 的设计风格年轻、活泼，注重社交和互动功能，通过明亮的配色和流畅的交互动画提升用户的使用体验。它的卡片式布局、个性化推荐以及与短视频结合的创新玩法，充分展现了音乐与社交娱乐的融合，为用户提供了不仅限于听觉的多维体验。整体界面设计迎合了现代用户的习惯，特别是年轻用户群体的审美与需求。

6.4　工具类 App UI 设计

工具类 App 是指提供实用功能，帮助用户完成特定任务或提高效率的应用软件。这类 App 功能多样，从日常事务管理到专业技术支持，涵盖了广泛的应用场景。工具类 App 的设计通常注重简洁、功能性和实用性，以满足用户的实际需求。根据需求区别常分为医疗类、效率类、健康管理类、导航类等。

6.4.1　丁香医生 App

丁香医生 App 是一款以提供医疗健康信息、在线问诊服务以及药品查询服务为主的医疗移动应用。它为用户提供便捷的健康咨询、医学科普、线上问诊、药品推荐和购买等服务，旨在通过线上平台提高医疗资源的可获得性和便捷性。

丁香医生 App 的设计风格简洁清晰，整体视觉语言以专业、可信赖为核心，使用较为中性的色彩和简约的布局，给人一种稳定可靠的视觉感受。主要配色通常为紫色、白色等，紫色取自丁香花的色系，将紫色加深为深紫色，传递出冷静、信任与权威的感觉，符合医疗类应用的主题。

首页采用模块化布局，并根据用户的使用习惯和常见需求，划分为多个清晰的功能模块（图 6-27）。首页的顶部搜索栏位置突出，支持用户快速查找所需的健康信息或药品信息。内容展示多采用卡片式设计，每个卡片包含相应的图片、标题、简短文字说明，每个功能版面都配上了极简的线性图标来帮助用户更好地理解选项。如"常见科室"用典型的身体器官进行标识，帮助用户精准定位按钮信息窗口。

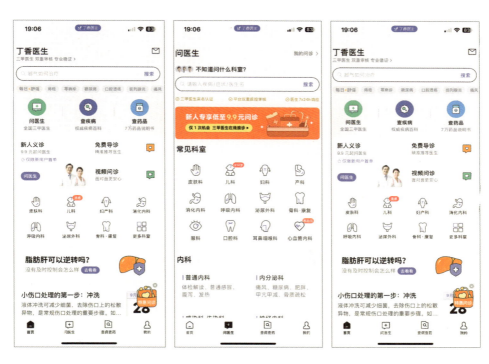

图 6-27　丁香医生 App 首页

商品详情页（图 6-28）中则提供了详细的药品信息，包括适应症、成分、使用方法、注意事项等。文本排版清晰易读，字体大小适中，重要信息通过加粗或使用不同颜色突出显示，确保用户能够迅速获取到关键信息。

如图 6-29 所示，App 根据用户需求，在"问医生"页面设计采取了典型的扁平化风格，去除了不必要的装饰性元素，注重功能第一和信息呈现，方便搜索型用户快速找到所需的服务。在首页，该 App 还提供了大量的医学科普文章与视频，其设计重点在于可读性和简洁性，增加浏览型用户黏性。

图 6-28　丁香医生 App 商品详情页

图 6-29　丁香医生 App 问医生和首页界面

丁香医生 App 的界面设计整体简洁专业，通过清晰的布局和色彩搭配，营造了安全、可靠的氛围，符合医疗类应用的用户需求。它的功能分类明确，交互路径简化，使用户能够轻松找到所需的服务。

6.4.2 喵喵记账 App

喵喵记账 App 是一款以简单、可爱风格为主的个人记账应用，旨在帮助用户轻松记录日常收支，管理财务。它的设计特色鲜明，结合了实用性和趣味性，以满足不同用户的记账需求（图 6-30）。

图 6-30　喵喵记账 App 首次登录浮窗与界面设计

喵喵记账 App 有一个独特的 IP 形象，如图 6-31 所示，即吉祥物"喵喵"，这是一只可爱的小猫卡通形象。这个 IP 形象不仅是应用界面设计中的重要元素，还贯穿于应用的各个交互和用户体验中，增强了整体的趣味性和亲和力。"喵喵"的卡通形象在应用的各个页面出现，如首页、记账界面、提示页面等。通过这种方式，它成为了应用的一个视觉符号，帮助用户对应用形成更深的记忆。当用户完成日常记账或任务打卡时，可以兑换装扮衣服、猫粮、礼物等，来"云喂养"这只小猫，增加了用户在使用过程中的愉悦感，并且增加用户的使用黏性，帮助他们保持良好的记账习惯。

喵喵记账 App 的色彩搭配活泼，给人一种轻松愉悦的感觉，如图 6-32 所示。整体配色上避免了沉重的颜色，保持了界面的明亮与欢快。这样的色彩搭配也是迎合该 App 的受众群体，营造"萌系风格"，符合年轻用户群体的审美。

App UI 设计

图 6-31　喵喵记账 App IP 形象

图 6-32　喵喵记账 App 基本配色展示

总结回顾

本章列举了市面上常见的 App UI 类型，分别是文化类、电商类、视听类和工具类，并列出了每一类中具有代表性的应用及其详细的 UI 设计。通过案例研究，不仅可以帮助读者理解不同类型 App 的设计特点和用户体验要求，还能帮助读者提高对美观和功能的理解，掌握如何应用这些设计理念来提高用户体验和商业价值。

课后实践

选择个人或团队感兴趣的移动应用，尝试从不同角度进行产品分析。

参考文献

[1] 加瑞特. 用户体验要素（原书第 2 版·精装版）[M]. 范晓燕，译. 北京：机械工业出版社，2024.

[2] 董建明，傅利民，饶培伦，等. 人机交互：以用户为中心的设计和评估（第 6 版）[M]. 北京：清华大学出版社，2021.

[3] 立德威尔，霍顿，巴特勒. 设计的 125 条通用法则 [M]. 陈丽丽，吴奕俊译. 北京：中国画报出版社，2019.

[4] 曹意. 新媒体 UI 设计 [M]. 上海：上海人民美术出版社，2021.

[5] 陈越红，王烁尧. UI 设计中的视觉心理认知与情感化设计分析 [J]. 艺术设计研究，2021，(02)：74-79.

[6] 张颖，杨亮，申艳芳. APP 界面设计与移动交互体验设计 [J]. 现代电子技术，2020，43(23)：182-186.

[7] 潘小栋. 敏捷开发模式下的移动端 UI 设计规范研究 [J]. 包装工程，2017，38(18)：176-181.

[8] 殷俊，王婉晴. 基于注意和视知觉的移动端界面设计应用 [J]. 包装工程，2019，40(10)：68-72.

[9] 邢蓬华. 移动界面的情感化交互设计 [J]. 美术观察，2017，(06)：128.

[10] 杨菲，唐凡舒，郑凯丽. 我国数字阅读 APP 个性化推荐算法透明度实证分析 [J]. 国家图书馆学刊，2024，33(03)：37-48.

[11] 斯皮斯，柳闻雨. 品牌交互化设计 [M]. 北京：中国青年出版社，2017.

[12] 柯皓. 写给大家看的 UI 设计书 [M]. 北京：电子工业出版社，2020.

[13] 黄泽军. 移动界面的情感化交互设计研究 [J]. 美术大观，2018，(08)：130-131.

[14] 侯文军，刘婷，齐天旸. 移动触屏界面设计模式的应用研究 [J]. 包装工程，2017，38(12)：88-93.

[15] 刘民娟. 美食类 APP 界面 UI 设计创新与创意研究——《移动 UI 设计实战》评述 [J]. 食品与机械，2022，38(06)：250.

[16] 张逸涵，洪赓，杨哲慜．基于多模态融合的移动应用细粒度用户意图理解[J/OL]．计算机系统应用，1-15[2024-10-15]．

[17] 刘春艳，朱淑婷，李美舒．移动学习在教育行业的应用研究[J]．科技风，2024，（26）：145-147．

[18] 张世娇，罗新民，杜清河．基于嵌入式Android系统的实验教学设计与实践[J/OL]．实验科学与技术，1-6[2024-10-15]．

[19] 金青，杨岩．完课率低引出的网络课程"活动"模块设计研究[J]．黑龙江高教研究，2017，（06）：165-168．

[20] 吴鲁娟，朱婷婷．文昌祖庭年画数字文创产品设计探索与实践[J]．文学艺术周刊，2024，（14）：86-89．

[21] 刘孝庆，刘斌．基于Axure的社交App交互界面的原型设计与应用[J]．无线互联科技，2024，21（06）：79-83+93．

[22] 何扬帆．基于用户本能层次APP界面色彩设计方法研究[J]．色彩，2023，（12）：29-31．

[23] 江涛，郝鹏，杨超．广彩瓷图像在粤语APP设计中的解构应用研究[J]．包装工程，2023，44（14）：340-346+428．

[24] 郭芸杉．沈阳故宫建筑彩绘APP交互设计研究[D]．沈阳航空航天大学，2023．

[25] 张华建．二十四节气APP界面交互设计应用研究[D]．长春工业大学，2024．